歴史を変えた100の大発見

PONDERABLES
100
DISCOVERIES
THAT CHANGED HISTORY
WHO DID WHAT WHEN

丸善出版

PONDERABLES

100 Discoveries that Changed History

THE BRAIN

An Illustrated History of Neuroscience

by

Tom Jackson

Originally published in English under the title: The Brain in the series called
Ponderables: 100 Discoveries that Changed History by Tom Jackson.

Copyright © 2015 by Worth Press Ltd., Cambridge, England
Copyright © 2015 by Shelter Harbor Press Ltd., New York, USA

All rights reserved. No part of this publication may be reproduced, stored in a
retrieval system, or transmitted, in any form or by any means, electronic,
mechanical, photocopying, recording, or otherwise, without prior written
permission from the publisher.

Japanese language edition published by Maruzen Publishing Co., Ltd., Tokyo.
Japanese copyright © 2017 by Maruzen Publishing Co., Ltd.
Japanese translation rights arranged with Worth Press Ltd. through
Japan UNI Agency, Inc., Tokyo.

Printed in Japan

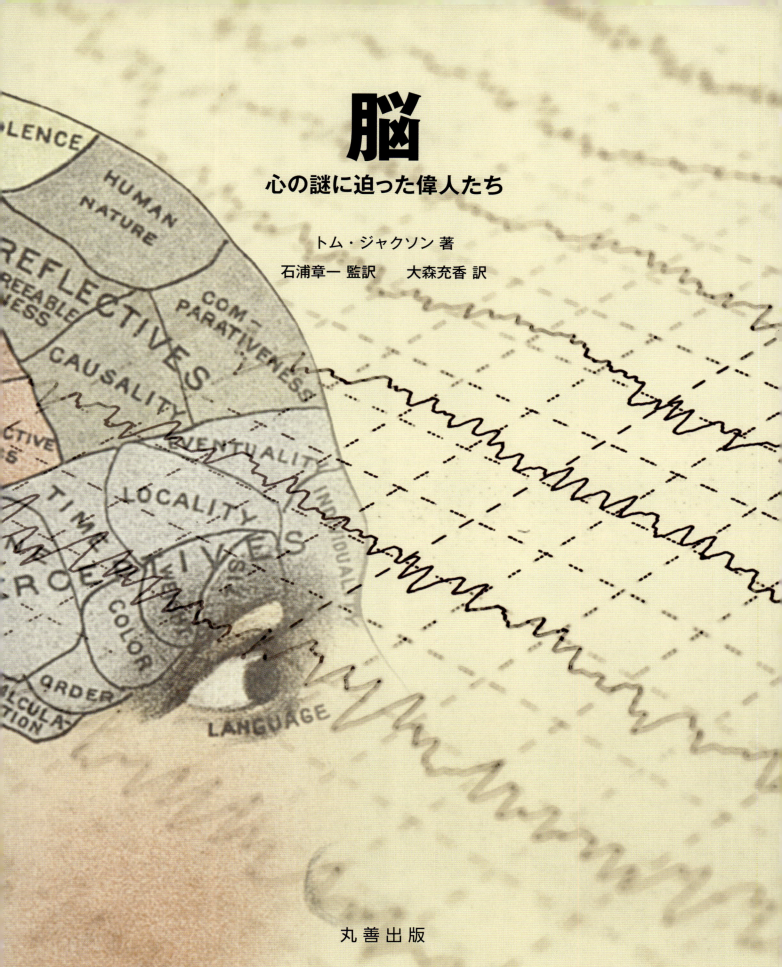

脳
心の謎に迫った偉人たち

トム・ジャクソン 著

石浦章一 監訳　大森充香 訳

丸善出版

目　次

はじめに　2

先史時代から1800年まで

1　頭蓋骨の穴　6
2　古代エジプト人の脳　8
3　呪いの目　9
4　中国医学における脳　9
5　ヒポクラテスの四体液説　10
6　視覚の理論　11
7　三つの魂　12
8　古代理論における眠り　13
9　ガレノスの神経通路　14
10　脳の断面　15
11　空中人間　16
12　視覚と目　16
13　情動と感情　18
14　舞踏狂　18
15　ダ・ヴィンチのろう細工　19
16　ミケランジェロの隠された脳　20
17　ヴェサリウスの解剖　21
18　魔女の病気　22
19　脳溢血　22
20　デカルト：反射と理性による調節　24
21　ウィリス動脈輪　26
22　機能解剖学　27
23　聖ヴィトゥス舞踏病　28
24　知識の本質　29
25　観念論　29
26　視交叉　30
27　動物電気　30

1800年から1900年

28　骨相学　32
29　パーキンソン病　34
30　ベル-マジャンディの法則　35
31　神経細胞　36
32　麻酔薬　38
33　フィネアス・ゲージ　40
34　耳の神経学　41
35　嗅　覚　42
36　グリア細胞　43
37　言語中枢　44
38　味　蕾　45
39　神経科学と人種差別　46
40　電気刺激　48
41　気分障害　49
42　神経網　50
43　感覚中枢と運動中枢　51
44　幻　肢　52
45　チャールズ・ダーウィンによる感情の研究　53
46　眼の構造　54
47　黒い反応：ゴルジ染色　56
48　志向性　57
49　ミクロトーム　57
50　脳波検査　58
51　催眠術　59

52	ナルコレプシー	60
53	視覚野	60
54	トゥーレット症候群	62
55	ジェームズ-ランゲ説	63
56	大脳半球優位性	64
57	精神分析	66
58	睡眠不足	68
59	脳機能全体論	68
60	触覚	69
61	シナプス	70
62	自律神経系	72
63	双極性障害（躁うつ病）	73

1900年から1950年

64	失行症：動作の障害	74
65	認知症	74
66	読字障害	76
67	機能地図	76
68	症状 vs. 機能	78
69	統合失調症	78
70	てんかん	80
71	神経中枢：線条体	81
72	IQ	82
73	小脳	84
74	ゲシュタルト思考	85
75	神経伝達物質	86
76	等能性と量作用	87
77	視床下部	88
78	聴覚の理論	89
79	電気けいれん療法	90
80	ロボトミー	91
81	自閉症	92
82	体質心理学	93
83	脳梁	94
84	半分の脳：半側空間無視	94
85	音を聞く脳	95
86	行動主義	96
87	辺縁系	97
88	ブレインマシン	98

1950年から現代

89	認知行動療法	99
90	活動電位	100
91	睡眠周期	102
92	記憶痕跡	104
93	昏睡	105
94	ポジトロン断層撮影法（PET）	106
95	アイデンティティ	106
96	機能的磁気共鳴画像法（fMRI）	108
97	超心理学	109
98	意識という難問	110
99	性格？　それとも神経の病気？	112
100	コンピュータ・ブレイン	113

101	脳の基礎	114
	まだ答えが見つかっていない問題	120
	偉大なる神経科学者たち	126
	監訳者あとがき	136
	索引	137
	神経科学の歴史年表	149
	図の出典	150

はじめに

ヒトの脳は，万物のなかでもっとも複雑なシステムである。神経細胞は830億個あり，それらの接点は数兆個にも及ぶ。にもかかわらず，脳は私たちの頭に収まるほどの大きさで，重さ1,400グラムほどの脂質とタンパク質でしかない。そんな脳のはたらきを解明するのが神経科学である。

偉大な科学者たちの思想や功績にはすばらしい物語がつきものだが，本書では脳についての100の物語を紹介する。いずれも熟考に値する重要な問題に関係し，脳に関する理解を変える発見につながったものばかりだ。私たちはこういった発見とともに，少しずつ人間についての理解を深めてきた。

「神経科学」というのは，1960年代から使われるようになった新しい用語である。つまり，脳と神経に関する科学的学問が生まれてから，まだ1世紀も経っていないということになる。したがって，脳の研究に取り組む神経科学者もまた比較的新しいタイプの研究者といえる。だが，彼らが行っている研究そのものは，神経学者らによって，もっとずっと以前から行われていた。神経学は脳障害にかかわる医学分野の一つで，正式には17世紀に起源をもつが，その何世紀も前から医師たちは精神疾患や脳障害の治療にあたっていた。脳のはたらきについての手がかりは，脳に異常が起きて初めてつかめるのだった。

脳か心臓か

古代の医師たちは，重篤な頭部損傷の治療法を多少なりとも知っていたが，脳そのものに関する知識には乏しかった。はるか遠い昔，脳は体の中枢器官というより，血液を冷やす場所であるとされていた。中枢器官としての役割は心臓にあっ

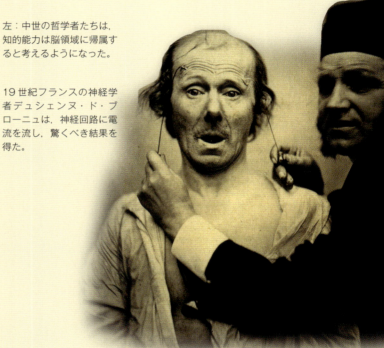

左：中世の哲学者たちは，知的能力は脳領域に帰属すると考えるようになった。

19世紀フランスの神経学者デュシェンヌ・ド・ブローニュは，神経回路に電流を流し，驚くべき結果を得た。

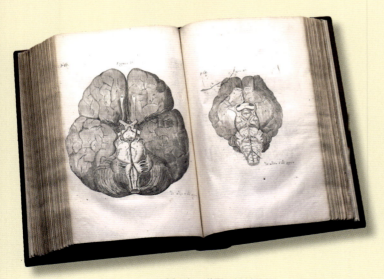

1664年，英国の解剖学者トーマス・ウィリスは，脳の構造を詳細に描いた本を出版し，神経学という用語を作った。

て，感情も魂も心臓に宿ると考えられていたのだ。（同じような考えは今でもある。）しかし，進歩はゆっくりと，しかし，着実に進み，何世紀もかけて脳の本質がようやく理解されるようになった。科学者たちはやがて，脳の損傷によって麻痺や言語障害，失明，難聴，人格変化などが引き起こされることに気づき，体を支配しているのは脳であるという考えが常識となった。実際，「コモンセンス」とは，イスラムの哲学者イブン・スィーナーが10世紀に提唱した神経学における基本原則の一つだった。当時は，脳がさまざまな感覚器官からの情報を集め，共通（コモン）の感覚（センス）に統合する仕組みを示す言葉として使われていた。

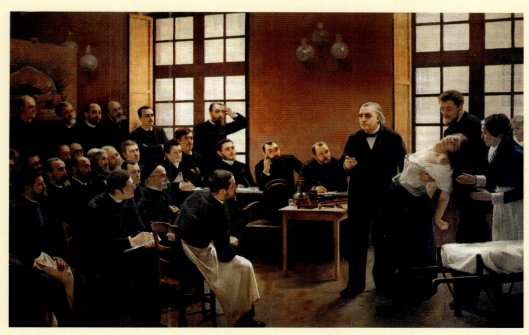

1870年代,催眠術を実演しているジャン=マルタン・シャルコー。

進む脳の理解

　脳は,脊髄および全身に張り巡らされている神経網からなる神経系の中心に位置している。さらには,目や耳や鼻といった感覚器官もすべて関係しているため,これら感覚器のはたらきを研究することによって,脳のはたらきを知る多くの手がかりが得られてきた。この分野が発展するにつれ,神経学者たちは動物の脳にナイフを入れ,脳のはたらきに及ぼす影響を調べるようになった。しかし,大衆から批判を招くことも多く,できるだけ生体を傷つけない(非侵襲的な)方法が求められた。電気刺激はそれほど侵襲的ではないので,研究者はヒトを対象に実験を行うことができた。顕微鏡もまた,脳の構造や脳細胞の活動を知るという意味で新たな道を切り開いた。

　神経学は,精神疾患を扱う医学の一分野である精神医学とも密接なかかわりがある。脳の記憶システムや自己認識,想像や予測,計画する能力など,ヒトの脳のはたらきを完全に理解するためには,正常な脳のはたらきを知らなければならない。ここに注目したのが新しいタイプの研究者,すなわち神経科学者だった。そういった脳の探偵たちは,これまでに驚くべき発見をたくさんしてきたが,いまだに解決されていない謎も数多くある。私たちは何を知っていて,まだ解明されていない事柄は何であるのか。これらについて,本書で見ていくことにしよう。

最新の医学画像では,活動中の脳をリアルタイムで観察することができる。

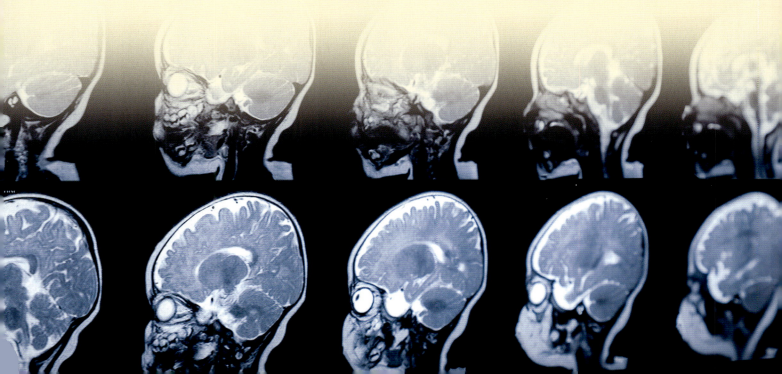

頭の中身

2009年，ヒトの脳の「配線図」を構築することを目的として，ヒト・コネクトーム・プロジェクトが発足した。この大がかりなプロジェクトは現在進行中で，もし成功すれば，脳のあらゆる部位がどのように連携しているのかが明らかになるだろう。ただ，脳にはさまざまな部位があり，しかも複雑な階層構造になっている。たとえば，上の階層には，初期の解剖学者が何世紀も前に特定した小脳や大脳半球といった大きな構造があるが，その後の研究により，それらはさらに多くの細かな構造と機能に分けられることが明らかにされている。もっとも小さなスケールではエングラム（記憶痕跡）と呼ばれるものがあって，これは神経細胞が連結することによって作られる記憶や思考の物理的な痕跡であると，少なくとも現時点ではそのように考えられている。細部においては未知なる部分が多い脳ではあるが，研究は着実に進められている。

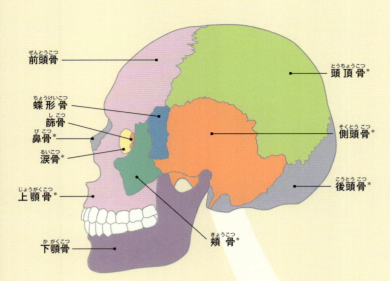

頭蓋骨

頭蓋骨〔医学では「とうがいこつ」と読む〕は顎骨を含めて22個の骨から形成される。＊印がついているのは，対になっている骨である。また，鋤骨および一対の鼻甲介骨は図に示されていない。

脳の外側から内側へ

頭蓋のなかで，脳は分厚い膜のシートに覆われている。脳は一般的に小脳，脳幹，大脳の三つの主要部位から構成されていると考えられている。

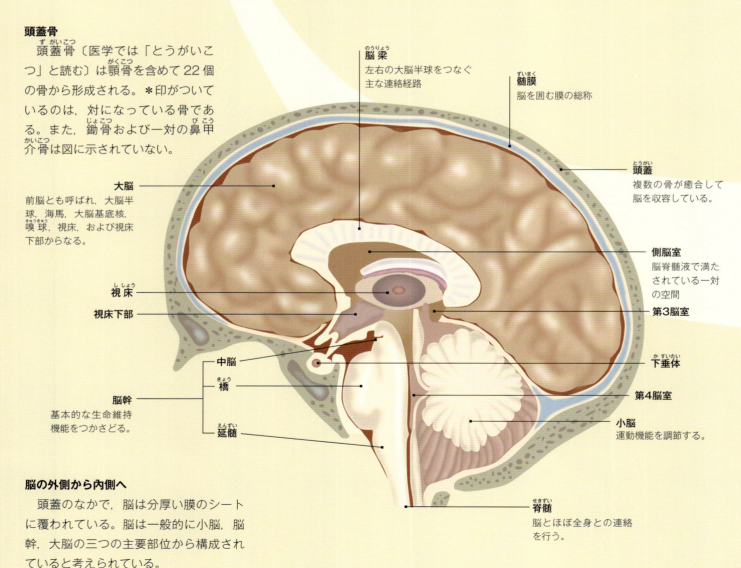

機能解剖学

脳は，どの部位が何をするのかというように機能別に分類することもできる。ただ，脳機能の局在化に関してはまだ議論の余地がある。というのも，いくつかのはたらきには，多くの脳領域が関与していると考えられるからだ。しかしながら，ここに示すカラフルな図を見れば，頭のなかのようすがわかりやすいだろう。図1は横，図2は断面，図3は上部から見た図となっている。

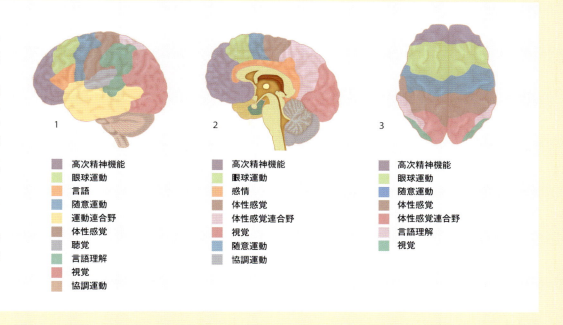

1
- 高次精神機能
- 眼球運動
- 言語
- 随意運動
- 運動連合野
- 体性感覚
- 聴覚
- 言語理解
- 視覚
- 協調運動

2
- 高次精神機能
- 眼球運動
- 感情
- 体性感覚
- 体性感覚連合野
- 視覚
- 随意運動
- 協調運動

3
- 高次精神機能
- 眼球運動
- 随意運動
- 体性感覚
- 体性感覚連合野
- 言語理解
- 視覚

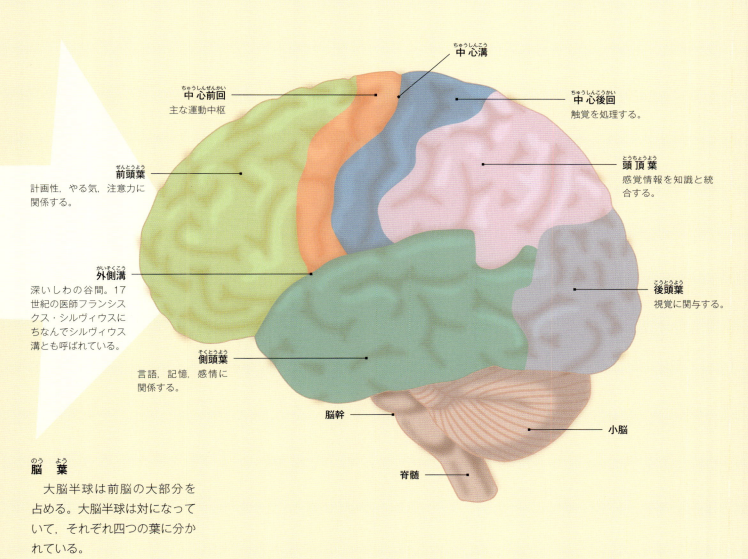

脳葉

大脳半球は前脳の大部分を占める。大脳半球は対になっていて，それぞれ四つの葉に分かれている。

- **前頭葉**：計画性，やる気，注意力に関係する。
- **外側溝**：深いしわの谷間。17世紀の医師フランシスクス・シルヴィウスにちなんでシルヴィウス溝とも呼ばれている。
- **側頭葉**：言語，記憶，感情に関係する。
- **中心前回**：主な運動中枢
- **中心溝**
- **中心後回**：触覚を処理する。
- **頭頂葉**：感覚情報を知識と統合する。
- **後頭葉**：視覚に関与する。
- 脳幹
- 脊髄
- 小脳

1 頭蓋骨の穴

　脳は特別なものである。先史時代の出土品によると，私たち人間は，このことをずっと昔から直感的あるいは経験的に知っていたようだ。たとえばある古代人の頭蓋骨の遺骸(いがい)には，先史時代の社会においてすでに脳手術が行われていたことを示す痕跡が残っている。

　19世紀初頭，フランスの地理学者アレクサンダー・フランソワ・バービー・ドゥ・ヴォーカージェは，ある古代人の頭蓋骨を手に入れた。フランス北部で発掘されたその頭蓋骨は，完全に原形を保っていたが，かなり大きな穴が一つ開いていた。同じような遺骨は，当時の科学者たちも発見していた。どうもフランスで発掘されるものに多かった。ドゥ・ヴォーカージェは，それらの穴は偶然の事故による傷跡ではなく，意図的に骨が取り除かれたものであると認識した。彼は，中世に（それに彼の時代でもまだときどき）医師たちが頭蓋骨の一部を除去する手術を行っていることを知っていたのだ。この手術は「穿孔術(せんこうじゅつ)」として知られており，古フランス語でドリルまたは穴開け機を意味する言葉に由来する。想像するだけでも恐ろしい手術である。

　ドゥ・ヴォーカージェが手にした頭蓋骨の遺骨には骨が癒えた形跡があった。それは，患者がこの施術によって命を落とさなかったことを意味する。つまり，患者は穿孔術に耐え，生きながらえたのだ。いずれにせよ，この遺骸が示す真の重要性は，ドゥ・ヴォーカージェ自身にもわかっていなかったし，その後数十年間，科学界に知られることもなかった。

石器時代の手術

　穿孔術を受けた頭蓋骨の意義は，20世紀になる頃にヨーロッパ全土に知られるようになった。驚くべきことに，これらの頭蓋骨は少なくとも10,000年，おそらくもっと以前の時代のものであった。それは永住の地をもたず，農業を営むことも，金属を用いた技術もなかった時代。つまり，石器時代の人間が，石器時代的な手法で手術をしていたということになる。

　いったいどのような器具を使っていたのだろうか。それは，恐る恐る推測するよりほかにない。「執

狙いは頭

多くのヒト科動物には鈍的外傷（ようするに頭を強く殴られた跡）がある。このことから，サルのようなもっとも原始的な私たちの祖先でも，敵を打ち負かすためには頭を狙うのが一番であるとわかっていたことがうかがえる。

この頭蓋骨には穿孔術の跡が3箇所ある。手術を成功させるために，施術者は脳を覆う膜を傷つける一歩手前で手を止めなければならなかっただろう。

刀医」が処置するのに使えるもっとも鋭利なものといえば，火山ガラスや火打ち石を砕いて切れ刃にしたもの，あるいは大きな貝殻だろうか。だが，これらの道具が実際に骨を削ったり，組織片を切ったりするために使われたかどうかは推測の域を出ない。穴の多くは頭を側面まで覆う頭頂骨にあるが，それは比較的穴を開けて取り除きやすい場所だからだろう。その後は，おそらく器具の性能も向上し，より高い効果が得られると考えられた前頭骨側に穴が開けられている。

　穿孔術は世界各地で行われていたようだ。アジアやヨーロッパで行われていたのは間違いない。また，ペルーでも穿孔術は多く行われていた。ここでは，埋葬されている人の半分近くが，少なくとも1回の穿孔術を施されているといった墓がいくつか存在する。

治療のため？　それとも儀式？

　先史時代の地域社会で，なぜ頭に穴が開けられていたのかはわかっていない。現代では開頭術という手法があり，これは脳にかかる圧力を軽減させるために頭蓋骨の一部を取り除くものである。古代の穿孔術は，骨折した頭蓋骨を治療するための処置ではないかともいわれてきたが，複数の穴が開いているものがたびたび見受けられることからして，頭蓋骨骨折の治療のために行われたという説は考えにくい。中世の時代の穿孔術も現代の開頭術と似たような目的で行われていた。頭のなかにはびこり，頭痛や発作，幻覚を起こす悪魔を追い出そうとしたのだ。石器時代の長老にしても，これらの症状で苦しんでいる一族の仲間を目の前にして，同じような考えにいたったと考えることもできるだろう。アメリカ大陸の地域社会で穿孔術の頻度が圧倒的に高いのは，健康な人々でもこの手術を受けたことを示している。もしかしたら，超自然的な力を目覚めさせると信じられていたのかもしれない。理由は何にしろ，私たちの遠い祖先も，健康の鍵を握るのは頭であると理解していたことがわかる。

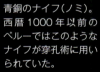

青銅のナイフ（ノミ）。西暦1000年以前のペルーではこのようなナイフが穿孔術に用いられていた。

倒れている男

　南フランスにあるラスコー洞窟には，現在知られている最古の壁画が残されている。作品の多くは17,300年前に描かれた動物である。このなかに，ただ一つだけ人間の姿が描かれている壁画がある。男は怪我をしていて，オーロックスか何かの野牛に突撃されたようにも見える。その「倒れている男」の横に描かれている鳥は，男が死んで離れていく魂だと解釈する人もいる。男の頭も鳥の形をしていることから，この壁画の作者が魂を頭と結びつけており，人の生命力は頭に宿ると考えていたことがうかがえる。

2 古代エジプト人の脳

　歴史に記録されている最初の医師は古代エジプト人である。彼らは治療者でもあれば聖職者でもあり，相当の実用的知識をもっていた。しかし，彼らにとって大事な臓器は心臓であり，脳はそれほど重要視されていなかった。

　何世紀もの時を経て現存する最古の医学教本といえば，エジプトのパピルス文書である。そのなかの一つ，エーベルス・パピルスは紀元前1550年頃に埋葬されたミイラの脚のあいだから発見された。もう一つは，これより数十年後のものと考えられているエドウィン・スミス・パピルスといい，19世紀にこれを入手した英国人のエジプト学者にちなんで命名されたものである。この教本には，その1,000年前に生存していたイムホテプの言葉が記述されており，何度も書き写されてきたものと考えられている。（イムホテプは，歴史に名が記録されている最初の医師の一人であるとともに，ピラミッドを初めて設計した人物でもある。紀元前約2600年には，エジプトにジェセル王のピラミッドを建てている。）エジプトの医学書によれば，健康は心臓からもたらされた。血液や空気，粘液といったさまざまな種類の体液を含む「水路」は，心臓から全身に行きわたっているからだ。脳や体に傷を負ったときに治療が必要なのは，何かしらの原因で，この水路が遮断されてしまうためであった。

ミイラ化
　古代エジプト人は遺体をミイラ化することで有名だ。目的は，あの世で体を再利用できるように，死人の体を保存することである。心臓は感情や思考が宿るところであり，生前の功績を記録していると信じられていた。死者の神アヌビスは，死者の心臓を計量し，その重さによって罪の大きさを測るといわれていた。そのため，ミイラ化する際に心臓を取り除くことはできないが，肝臓や肺，胃は取り出して注意深く瓶詰めにされた。これとは対照的に，脳はまったく重要視されておらず，鼻から掻き出して捨てられていた。

ベッドにしばりつけておく，という治療法

　イムホテプと弟子たちは，頭に傷を負うと，たとえば半身不随のように，体の別の部分に症状が現れることに気づいていた。ただ，脳損傷に関して彼らが議論した内容を読むとかなり恐ろしい。患者の頭蓋骨が骨折していることを確認した医師には，患部に指を突っ込むとよいと助言しているのだ。そうやって患者に「非常にはげしいけいれん」を起こさせるという。一方，患者に腫れ，鼻や耳からの流血，首が回らないなどの症状が認められた場合の治療法は，「ベッドにしばりつけておく」ことだった。言い換えれば，患者をベッドに寝かせ，自然の成り行きに任せるのだ——ちょうど，ナイルの川の流れに合わせて川舟が浮いたり沈んだりするように。

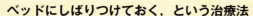

史上初の医師イムホテプはのちに神としてあがめられた。

3 呪いの目

目は心の窓といわれるが，これはおそらく数千年にわたり正しいとされてきた文句だろう。古代でも，目の病気は心の病気の現れであると考えられていた。

どの古代文化にも医学の祖が存在する。エジプトにはイムホテプ，ギリシアにはヒポクラテスがいて，インドではススルタがたたえられている。いずれの人物も，眼疾患の治療法を多く記録しており，その内容は，尿や便で目を洗浄するといったものから現代とさほど違わない白内障手術にいたるまで多岐にわたる。

近代医学のおかげで現代はあまり見られなくなっているが，古代の目の病気は寄生虫や感染症が原因のものが多かった。しかし，当時，白内障にしても斜視にしても，すべての病気は悪霊によって引き起こされると考えられていた。さらにたちの悪いことには，そういった霊は伝染性なのだ。もし罹患（りかん）した人と目が合ってじっと見つめられたら，その悪霊に屈し，自らも病にかかってしまうことになる。

4 中国医学における脳

現在にいたるまで，中国医学は西洋と異なる発展を遂げてきた。中国医学では，脳を主要臓器として見てはいなかったものの，特別な地位を与えていた。

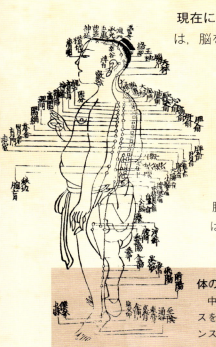

中国医学は，体の部位を二つのグループに分けた五臓六腑（Zang-fu）の理念に基づいている。五臓（Zang）と呼ばれる五つとは肺，腎，心，脾，肝であり，それぞれ中国で伝統的に伝わる5種類の元素（木，土，火，水，金）と関連づけられている。六腑（fu）には胃や腸，三焦などが含まれる。三焦は六腑のなかでも特別で，形あるものではない。感情およびそれらに関係する精神状態は五臓の活動から生じるが，脳は特別のタイプの六腑であるとされた。心は幸福（と知力）を生み，腎は恐怖，肺は悲しみ，肝は怒りを感じさせ，そして脾は思考をつかさどる。

体のバランスを整える

中国医学によれば，健康は陰と陽という基本的な力のバランスの上に成り立っている。病気になった体のバランスを整える方法の一つに鍼（はり）療法がある。鍼療法では，細い針を肌に刺すのだが，この治療はもともと，「体のバランスを崩している悪霊を追い払うには，鍼を肌に刺して居心地の悪い環境を作ればよい」という考えから生まれた。

5 ヒポクラテスの四体液説

神経科学は西洋医学に始まり，西洋医学はヒポクラテスに始まる。だが，そんな医学の開拓者でも，病気に関する彼の理論には多くの不可解な思想が含まれていた。

復讐の女神たち
ギリシア神話によれば，冥界に住む復讐の女神エリニュエス（ローマ神話でいうフリアエ）が現れると，人は嫌悪感や復讐心，そして最終的には狂気にかられる。エリニュエスの注意を引いたら最後，地下に住むその老女たちは，恐ろしい命令に従うまで容赦なく，執拗に追いかけ回してくる。物書きはこびへつらって「慈しみの女神」といった遠回しな表現を使った。彼女たちの名を直接口にするのは，あまりにもはばかられた。

ギリシアが黄金時代を迎えた紀元前4世紀，ヒポクラテスはコス島に住んでいた。この時代，多くのギリシア人たちは，麻痺や発作といった神経障害を含め，病気は目や口などから体内に侵入してとりついた悪霊によって引き起こされると信じていた。しかし，ヒポクラテスはこの考えを認めず，代わりに，健康障害を起こしている物理的な原因を疑った。今日，医師が患者の症状をもとに診断して治療を行うのも，ヒポクラテスのおかげといってよいだろう。

ヒポクラテスの体液論によれば，四大元素の物理的特性は，体内において医学的および感情的な影響と密接にかかわっている。

元素

当時のギリシア哲学者たちは，人間の体はもちろんのこと，万物は基本的な物質から構成されていると信じていた。それが，のちに元素として知られるようになったものである。似たような思想は中国やインドの学説にもあったが，ギリシアでは土，空気，火，水を四大元素と呼んだ。これらの元素は，血液，粘液，黄胆汁，黒胆汁の液体として体内に存在している。各液体はそれぞれが象徴する元素の性質をもっていて，感情にも影響を及ぼすとされた。空気をたっぷり含んだ血液は快活で明るい気持ちに，水分を含む粘液は冷静沈着にさせる。黒胆汁の土褐色が濃くなりすぎると人を憂うつな気分にさせ，黄胆汁ははげしい怒りをあおる。

頭部を損傷した場合は，患部から膿を出すために体液を集める必要があると考えられていた。したがって，頭蓋骨を骨折していればむしろ好都合であり，そうでなければヒポクラテスは頭蓋骨に穴を開けるのだった。この開頭術は，誤った主張に基づく理論に根差したものだったが，腫れをやわらげる目的としては適した治療法であることも少なくなかった。

6 視覚の理論

　古代ギリシア哲学者たちは、ヒトの目を詳細に調べ、硝子体液（しょうしたいえき）や視神経など新たな特徴を数多く記録した。目のはたらく仕組みについては理解できていなかったが、視覚がどのように機能しているのかを説明しようという試みは行われていた。

　ヒポクラテスの時代は人体解剖が許されておらず、解剖学の理解を深める目的で動物にメスを入れることさえ道徳的に問題視されていた。しかし、その後100年もたたないうちに、ナイル川河口にギリシアの新しい都市アレクサンドリアが建設されて自由思想の学者や研究者たちの楽園ができると、統治者たちは世界のなかでアレクサンドリアを知識の中心地にしようという野心を抱くようになった。そして、邪悪だが必要な行為だとして人体解剖を容認したのだった。ヘロフィロスはアレクサンドリアで解剖者の第一人者となり、今では解剖学の祖といわれている。ヘロフィロスは処刑された犯罪者の遺体を解剖した――それに、命じられるまま解剖台の上で、死刑宣告された人々を解剖することさえあった。ヘロフィロスは、目の中心部は透明で、太い神経によって脳とつながっていることを発見した。

外送理論と内送理論

　こうして新しい知識が得られると、目のはたらきに関する二つの理論が浮上した。アルクマイオンは「外送理論」として知られる理論を提唱する第一人者だった。外送理論では、目の中心部は水分を多く含み、「火」の光線を放射することができると唱えた。火といってもかならずしも見えるわけではなく、むしろ熱に似たようなものが目から出て物体に反射するという。ようするに、目は懐中電灯のように、光を放って目の前の物体を照らしているのだ。アルクマイオンは裏付けとして次のように主張した。「目をぶつけるとこのメカニズムに異常をきたして目がくらむ。また、暗いと物が見にくくなるのは、放射された火が暗闇という正反対の物質によって遮られるからである。」

　エピクロスやアリストテレスといったのちの思想家たちは、「内送理論」と呼ばれるもう一つの理論を支持した。内送理論では、物質から目に見えない小片がやってきて、目のなかの内なる明かりに火をつけて視覚を作るという。

> 「目のなかに火があるのは明らかである。だから、目をぶたれたらチカチカするのだ」
> テオプラストス

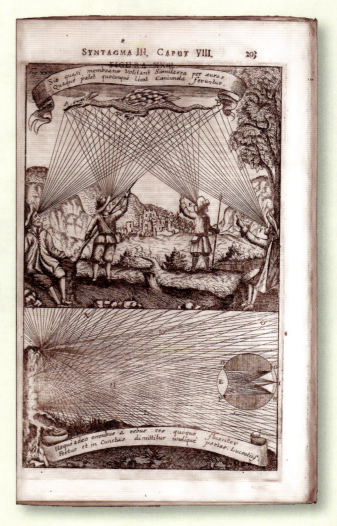

17世紀のヨハン・ツァーンの著書『遠隔光線屈折学的人工眼』より。視覚の外送理論（上）と、光と目のふるまいに関してより現代的な視覚の解釈（下）を比較している。

7 三つの魂

ヒトはいかに世界をとらえて理解するのか。古代ギリシアの人々は，このことについても思想を発展させていた。それらの理論は特に魂にまつわるものが多かったが，魂の物理的特性や魂が宿る場所——心臓か，脳か，それ以外なのか——に関しては，さまざまな意見が飛び交っていた。

「人のふるまいは主に，欲求，感情，知識の三つに作用される」
プラトン

何か重要なことは「胸」に刻み，生きているなかで物事がうまくいかなかったときは「胸」に傷を負う。誰もがこんなふうに考えるのは，少なくとも意識の一部は胸（心臓）にあるという古代の考えがあるからだろう。古代ギリシアの主要な思想の一つに，人の体は三つの魂によって支配されているというものがある。さまざまな思考を巡らせる知性的な魂は脳にある。心臓には，現代でもそう表現されることがあるように，感情をコントロールする魂がある。そして，体を維持するために必要となる食欲は，肝臓にある三つ目の魂によって支配されている。

この三つの魂を最初に提案した一人はデモクリトスだった。万物は「原子（アトム）」と呼ばれる小さな単位から構成されていると唱えたことで有名な人物である。物体の特徴は，それを構成する原子によって定義されるという。たとえば，火の原子

洞窟での暮らし
プラトンの哲学でもっとも偉大な功績といえば「洞窟の比喩」である。これは，ヒトがどのように現実世界を認識しているのかを比喩的に説明したものである。生まれたときから真っ暗な洞窟にいて，壁と向き合うように暮らしている人々がいたとする。真の実体は明るい外の世界にあり，その影が洞窟のなかに映る。すると，洞窟のなかで壁しか見ずに暮らす人々にとっては，壁に映っている影だけが実体となる。実体は，プラトンのいうところの「イデア」である。「アイデア」の語源はイデアだが，イデアそのものには原型という意味がある。あらゆるものには恒常不変の原型があるのだから，私たちは知識をもって，私たちが認識している錯覚の世界から逃れなければならない，とプラトンは説いた。

プラトンが唱えた魂の理論によると，あらゆる知識はその人の知性的な魂に内在している。その知識を哲学的生活のなかであらわにするかどうかは，その魂の所有者次第である。

はトゲトゲしていて，水の原子はなめらかで滑りやすいというように。魂を構成する原子もやはり小さくて，臓器に集まってはいるが目に見えない。デモクリトスは死ぬと体がなくなるのと同じように，魂の原子も消散すると信じていた。一方，プラトンは知性の魂は不滅であり，体から体へ受け渡されると提唱した。そして，社会に存在するさまざまな集団は，社会階級に応じてそれぞれ異なる魂で支配されていると主張した。すなわち，プラトンのような哲学者は知性によって命令を受けるが，軍人タイプは心臓によって支配され，身分の低い農民は肝臓に従うというように。しかし，プラトンの一番弟子アリストテレスはこの考えにあまり心を動かされなかった。アリストテレスは，頭は心臓にとっての冷却器であり，ヒトの情熱によって作られた過剰な熱を体外に放出するためだけにあると考えた。

8 古代理論における眠り

古代ギリシア文学における偉人ホメロスによれば，眠りと死は「双子の兄弟」である。つまり，睡眠とは死に近い状態ということなのだ。

眠りと暗闇は切り離すことのできない関係にあることから，眠りとはヒトを冥界との境に向かわせる陰気で邪悪な力のようなものであると古代思想家たちは考えていた。一方で，眠りをより俗界のものとして説明しようとする者たちもいた。四大元素説を唱えたことで有名なエンペドクレスは，ヒトが眠りに落ちるのは，夜になると血液の炎が消えて徐々に冷えてくるからだといって本質に迫った。アルクマイオンは，血液は睡眠中に脳から流れ出るのだが，その血液が脳に戻らなければ眠りは死に移行すると唱えた。

消化の時間

アリストテレスの考えはまた違った。眠りは摂食によってもたらされるというのだ。食べ物からの熱気は血液に溶け込み，脳へと昇っていく。脳は熱を放出するはたらきを担い，脳内に蓄積された熱気は夜になると冷やされて再び体に戻っていく。そして心臓を冷やし，機能を低下させる。覚醒も心臓機能の一つであるため，心臓機能が低下することにより眠りに落ちる。

ニュクスの息子たち
ギリシアの神々のなかで，夜を支配している神がニュクスである。ニュクスはカオスの娘で，星がちりばめられたチュニックを身にまとい，一人乗りの二輪馬車に乗って夜中に巡回する。ニュクスには暗闇の神エレボスとのあいだに二人の息子がいる。長男の死神タナトスは冥界で罪深い魂に拷問(ごうもん)をかけるが，もう一人のヒュプトスは眠りを支配する優しい神である。

眠りによって活力を回復できるということは，昔からよく理解されていた。だが昔は，睡眠は恐怖と神秘の入り交じったものであると考えられていた。

9 ガレノスの神経通路

古代に始まった神経学のなかで，もっとも影響力のあった人物はギリシアの医学者ガレノスである。意識のありかを頭としたのはガレノスで，この考えは今も変わっていない。また，彼が行った脳解剖の研究は，神経系の地図作成に役立った。

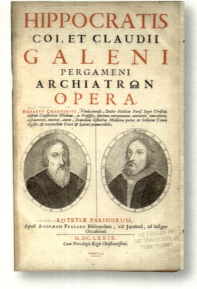

17世紀に刊行されたこの本の表紙には，ヒポクラテスとガレノスが並んで登場している。ガレノスが幅広く執筆した『ガレノス全集』は，その後1,300年ものあいだ，主要な医学書となった。

「最良の医師はまた思想家でもある」
ガレノス

2世紀になる頃，知識の中心地は東地中海のギリシア都市から西のローマ都市に移っていた。ギリシアの医師たちは，研究に励むべくローマに押し寄せた。ペルガモンにある古代もっとも名高い医学校アスクレペイオン神殿（治癒所）で学んだ医師ガレノスもその一人だった。

ガレノスの観察と実験

ガレノスはヒポクラテスの熱烈な支持者だったが，アリストテレスの信奉者でもあった。アリストテレスは，自らの目で観察したことをもとに医学的見解を得るという経験的手法をとっていた。ところが，ガレノスが実際に自分の目で観察してみると，アリストテレスが説く医学理論の基本と一致しないという状況に直面した。ガレノスは主にサルを使って解剖学的研究を行っていた。ヒトの体はブタやヒツジ，イタチ，ゾウといったほかの動物よりもサルに近いと考えたのだ。また，人体解剖は非合法だったが，ガレノスには人体の内側をのぞき見る機会があった。

177年，ガレノスは「脳について」と題した講義を行い，脳が熱を放出する装置のようなものだとする思想を批判した。そして，もしこれが本当なら，脳は心臓の近くにあるはずだろうし，感覚器官につながったりしていないだろうと推論した。ガレノスの偉業は，神経系における脳と体の結びつきを示したことだった。感覚器官からつながっている神経もあれば，筋肉に続く神経もあった。

ガレノスは，注意深くブタの喉に切れ目を入れ，咽頭筋につながっている神経を切断する実演を行ってみせた。そのブタは呼吸をすることもできたし，心臓も変わりなく脈を打ち続けた。ただ，鳴くことができなかった。今では反回神経として知られるこの神経は，発見者の名をとって「ガレノスの神経」と呼ばれることもある。

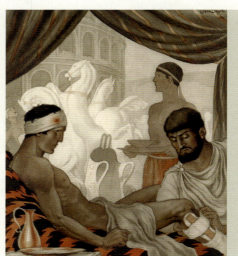

剣闘士の医師

ガレノスはその医療技術のために，ローマの医師（といってもたいていはヤブ医者）との争いにしょっちゅう引き込まれた。いずれにせよガレノスは上流階級の注目を集め，ローマ皇帝コンモドゥス（2000年に公開された米国の映画「グラディエーター」に登場している悪人）の侍医を務めた。それより前は，剣闘士チームの担当医をしていた。なかなかの腕前で，彼が治療にあたっていた期間中に命を落とした剣闘士は，わずか5人だったという。この職務に就いたおかげで，ガレノスは生きている人の体の内部を詳しく観察する機会を得たのだった。

10 脳の断面

ガレノスの教えは1,000年以上にわたり神経学の基礎を築き，あとに続く者たちによって脳の各部位のはたらきが解明された。

ガレノスによれば，脳は「動物精気」を使ってはたらく。この謎めいた熱気とも液体ともいえる動物精気は，頸(けい)動脈を通って心臓から脳へと流れてくるより基本的な「生命精気」から作られる。この行程で生じる残留物は，粘液として鼻から流れ出る。動物精気は脳室（脳の中心部にある四つの空洞のようなところ）に蓄えられる。そして必要に応じて，これらの貯蔵室から取り出され，神経通路を通って感覚情報を収集したり筋肉を動かす命令を送ったりする。

脳機能の局在化

4世紀，現在のシリアにある都市ホムスの司教ネメシウスは，キリスト教教義との部分的な接点を探るべく詳細な検討を行い，脳室は魂（神聖なもの）で満たされており，各脳室はそれぞれ異なる機能を担うと提唱した。脳の前方に突き出ている二つの脳室は知覚をつかさどる。思考は第3脳室として知られる中央の脳室が担い，もっとも後方に位置する第4脳室は記憶をつかさどる。これは脳の機能に関するガレノスの観察とも一致した。知覚神経のほとんどが脳の前方につながっていることからも，知覚の中心地がそこにあると考えるのは自然だった。

運動と記憶

脳の後部は，筋肉につながっている運動神経とより深い関係があった。アルジェリア出身の神学者ヒッポのアウグスティヌスは，後方にある脳室は運動をつかさどるという考えをもって議論を展開し，記憶と理解はともに中央の脳室が担っているとした。この議論を支持する側も支持しない側も，脳を損傷した人に見られる症状から，頭の前または後ろへの打撃がそれぞれ対応する運動機能に影響を及ぼすと指摘した。さらには，「脳を体から切り離したらどうなるのか」などという疑問が生じたことから新しい発展が得られた。

学者アルベルトゥス・マグヌスによって，16世紀に描かれた脳室の図。キリスト教では三位一体と調和させるために，脳室の数は四つではなく三つであることが好まれた。

11 空中人間

イブン・スィーナー（ヨーロッパではアヴィセンナとして知られている）は，イスラム黄金時代の学者で，魂の本質，そして魂と肉体のつながりに興味をもっていた。この謎を解き明かすために行われた思考実験は有名である。

スィーナーはペルシャ人だが，10世紀のたいていの学者と同様，ギリシア哲学を学ぶことから研究を始めた。

イブン・スィーナーは，プラトンの思想を継承していた。プラトンはアリストテレスとは異なり，魂は死後も生存し続けると唱えた。つまり，魂（今日でいう心のようなもの）は，肉体とは別ものであるというのだ。これを証明するために，スィーナーは飛んでいる男を想像した。男は目隠しをされ，耳栓をされ，何かしらの力によって空中に浮遊している。両手両足は開かれ，自分の体にはまったく触れることができない。男はこの状態のまま，一切の感覚から切り離されて一生を過ごす。もし自分がこの飛んでいる男だったら，かならずや自己の感覚があるはずだとスィーナーは確信した。肉体と離れた自己が存在すると考えたためである。自己は，それと関係のある肉体があるなどということを知る必要もない。心と体は別々のものであるというスィーナーの考えは「二元論」の先駆けとして，のちに脳のはたらきに関する研究が行われる際に中心となるのだった。

12 視覚と目

神経学において，本当の意味で大きな科学的進歩が認められたのは目の機能にかかわることだった。それは軟禁生活に苦しみながらも光線のふるまいについて思いを巡らせたと噂された，アラブの学者イブン・アル＝ハイサムによって行われた。

「百聞は一見にしかず」ということわざがあるが，目で見ることの確かさを示したのはアル＝ハイサムだった。中世ヨーロッパでは，イラクの都市バスラから来たアルハーゼン（もしくはアルハゼン）として知られていた。彼は数学者，天文学者，エンジニアとして名をはせ，現在でいうエジプトの首都カイロに住んでいたファーティマ朝の第6代カリフ，ハーキムと交流をもつようになった。アル＝ハイサムは，ハーキムがエジプトでもっとも価値ある資源を支配できるように，アスワンを流れるナイル川にダムを造ってはどうかと提案した。だが，この提案はいささか軽率だった。1011年，カイロに招致されダム建設を任されたアル＝ハイサムは，自分の能力ではこの巨大な川にダムを造ることはできないとすぐに悟ったのだ。彼は身の振り方をはかりにかけた。そし

て，ハーキムの怒りを買うことを恐れて，気が狂ったふりをする道を選んだ。アル＝ハイサムはハーキムの自宅に軟禁され，そこで10年を過ごすのだった。

光学の本

アル＝ハイサムが後世に名を残すことになる研究を行ったのは，こうしてエジプトで軟禁されているときだった。その研究は『光学の書』という形で実を結び，初めての正式な科学的実験によって，光線が一直線に移動することを証明したと述べている。アル＝ハイサムは，遠くにあるろうそくの光を穴の空いたチューブを通して観察した。次に，チューブ先端の穴を閉じた。すると，光の瞬きはもはや見えなくなった。当たり前のことかもしれないが，これによって，光は目に届くまで真っ直ぐにしか進まないことが初めて実験によって裏付けられたのだった。

これを証拠として，これまで唱えられていた視覚の理論が初めて反証された。目は物質を照らすための光や炎を放ってはいないし，物質も何かしらの像を目に送り込んでいるのではなかった。物質はあらゆる方向に光線を放射していて，その道筋は単純な幾何学の法則に従っている─そして，その一部が目のなかにまで届くのである。アル＝ハイサムは，目の仕組みがカメラ・オブスキュラ（暗箱）と同じ原理であることに気づいた。暗箱とは，壁に開けた小さな穴を通り抜けて光が入るものであるが，その細い光線は，突き当たりの壁に当たって上下逆さまの像を映し出す。同様のことが目のなかでも起きていて，光が瞳孔を通り抜けて網膜上に上下逆さまの像を映し出すというわけだ。しかし，アル＝ハイサムはここで「非科学的」な考えに頼り，またしても，イメージを脳に伝えるのは魂であるという概念に戻ってしまった。脳科学は，このように一進一退しながら進歩していくのであった。

科学的手法

アル＝ハイサムは，歴史上初めて，自分のアイデアを完全な科学的実験で試す方法を考案した一人だった。また，数学を用いて実験結果の予測も行った。このような方法で営まれる「科学」が正式に形作られるまでには，さらに600年の年月を要した。

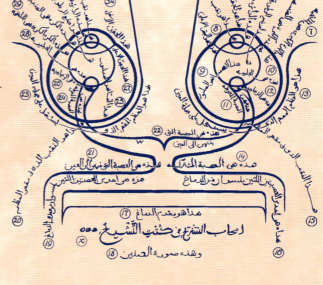

アル＝ハイサムは，カメラ・オブスキュラも目も同じ方法で内部イメージを作ると考えた。彼が描いた目の図（上図，数字は後からつけられたもの）を見ると，視覚神経の構造をよく理解していたことがわかるが，アル＝ハイサムは依然として，神経はイメージを伝える魂のための管か何かであると信じていた。

13 情動と感情

「人間は，心臓にある情動や肝臓にある野蛮な欲望を頭で支配するという点でほかの動物とは違う。」中世の時代における感情と性格を巡る議論は，古代ギリシア時代に提示された思想そっくりそのままだった。

トマス・アクィナス

ルネサンス期までの長きにわたり医学的思想を支配していたガレノスは，性格は肝臓，心臓，脳の三つの魂がせめぎあって作られていると説明した。下等動物がもつ動物的衝動を知性でコントロールできるのは人間だけである。各人がどれだけうまくコントロールできるのかは，ヒポクラテスのいう体液の割合による。13世紀イタリアの修道士トマス・アクィナスは，ギリシア哲学とキリスト教神学を融合させることを生涯の研究とした。キリスト教の教えは主要人物の功績や動機を感情的な言葉で表現することが多かったが，アクィナスは感情と知性は完全に切り離されてはおらず，統合して説明することができるという考えを提唱した。神への愛，自己愛，隣人愛という三つの愛の秩序を明確化したのもその一例である。

14 舞踏狂

14世紀，ヨーロッパでダンスが大流行した。といっても，村という村で，人々が抑えようのない，ぎくしゃくした動きに悩まされたのだ。その姿はまるで聞こえないリズムに乗って踊っているかのようだった。人々の筋肉と頭が，何者かに支配されたのである。

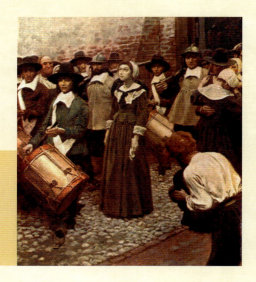

舞踏狂の発症は，1370年代に，ヨーロッパ北部の英国からスイスにわたって報告されるようになった。この病気の症状は「狂ったように踊る」のが特徴で「舞踏狂（choreomanias）」と呼ばれた。choreaとはギリシア語で「踊る」を意味する言葉であり，現在もある種の先天性神経疾患に見られる不随意運動を説明するのに使われている。しかし当時ヨー

セイラム魔女裁判
舞踏狂と同じように，麦角中毒も17世紀の米国で多く見られ，魔女狩りの対象になったと推測されている。その代表的なものに，マサチューセッツ州のセイラム村の一件がある。1693年，黒魔術を行ったとして20人が処刑された。村民が次々とけいれんや視覚・幻覚症状を呈し，悪魔にとりつかれたせいだとされたのだ。しかし，実際は，前の年に収穫されたライ麦が麦角菌で汚染されていたためではないかと考えられている。

ロッパで流行した舞踏狂は伝染性で，大陸を横断して病気が蔓延した。

火と音楽

踊りについての詳細はあいまいで，つじつまが合わない。だが，多くは宗教的集会の開催中に起きたことから，踊っている人の一部は集団ヒステリーに陥っていたと考えられている。一方，精神錯乱状態で見る幻覚や半狂乱の動きには，繰り返し現れる主旋律のようなものがあった。演奏家たちは踊り狂う人々のために音楽を奏で，その音楽によって彼らが落ち着きを取り戻すことを願った。一般的に，発作が起きたら疲れてへたへたと座り込むまで踊りは続く。イタリアのタラントでは，舞踏狂はクモに噛まれると発症すると（誤って）考えられていた。そして，伝統的な踊り「タランテラ」は，一民族が共有する舞踏狂の記憶として代々語り継がれた。（そうして，南米に生息するクモにタランチュラの名がつけられた。）また，踊り狂う人々のなかには，焼けつくような痛みが手足に現れた人がいた。この病気は当時「聖アントニウスの火」と呼ばれ，その症状から，のちに麦角中毒が原因だったのではないかと考えられている。麦角は湿度の高い環境で保管された穀物に寄生する菌である。この麦角菌は神経系に強力な影響を及ぼし，麻痺や幻覚，不眠を引き起こす。この手足の先端を襲う「火」は，四肢の血液循環が阻害されるために起きる。

麦の穂に寄生して角のような形をしている麦角菌。

15 ダ・ヴィンチのろう細工

レオナルド・ダ・ヴィンチは，まずその芸術性，次いで現代的な工学的デザインにおいて称賛されている。1506年には，人体の解剖学的特徴の記録も開始したのだが，その本質を明らかにするのは至難のわざだった。

レオナルドが偉大な名声を得たのは，人体描写の能力に長けていたからだった。子どもの頃から解剖学の研究をしていて，優れた画家として成功するや，フィレンツェの病院で遺体を扱う権利を与えられた。遺体が乾燥したり腐敗したりする前に構造を記録しなければならないので，すばやく仕事をこなす必要があった。

頭蓋骨の中身は謎だらけで，レオナルドは好奇心をそそられた。生きたカエルの実験では，心臓を取り除いても（少なくともしばらくのあいだ）カエルは生き続けていたが，脳を切断したらたちまち息絶えた。レオナルドは生命を与える魂は脳室にあると考えた。そして，より詳しく調べるために，後頭部に穴を開け，そこから脳室へ温かいろうを流し込んだ。残留液は頭頂部に開けたもう一つの穴から押し出される。脳室同士は頭のなかでつながっていた。ろうが固まってから頭蓋骨と脳を取り除けば立体的な脳室の模型ができた。それにしても，これは，いったい何の模型なのだろうか。人の想像力，記憶，あるいは魂なのか？

ダ・ヴィンチの解剖学的スケッチの多くは1510年頃に描かれたものである。それらはパドヴァ大学の解剖学教授マルカントニオ・デッラ・トッレの助けを借りて作られた。

16 ミケランジェロの隠された脳

20 * 100の大発見

　ルネサンス期,ヒトの脳に興味をもった芸術家はレオナルド・ダ・ヴィンチだけではなかった。ミケランジェロもその一人で,密かに強い関心を抱いていた。彼のもっとも有名な作品であるフレスコ画「システィーナ礼拝堂天井画」を詳しく見ると,その解剖学に関する深い知識がうかがえる。

　ミケランジェロはバチカン市国のシスティーナ礼拝堂の天井に4年がかりで絵画を施した。描かれているものの多くは,ルネサンス芸術でもっとも愛された題材だった。ミケランジェロは時間をかけ,ぬかりなく,ほんのわずかなミスも犯さなかった。はがされた皮と切断された頭の2箇所には作者自らの姿を描いた。これはミケランジェロが,この仕事を依頼したメディチ家を嫌っていたことの表れだという者もいる。一連のフレスコ画のなかでももっとも有名なのは,神の指と最初の人類の指がまさに触れようとしている瞬間を描いた「アダムの創造」である。神と大勢の天使たちは赤い布に覆われているのだが,これが脳の断面のようにも見えるのだ。たなびく緑色のスカーフは椎骨動脈があるべきところであるし,智天使の腕は視覚神経を,その脚は下垂体を表している。また,天使たちの脚は脊髄を形成している。ミケランジェロは自らの構想を語ることはなかったが,心臓が体を支配しているというキリスト教の教えに反する彼なりのやり方だったと解説する者もいる。おそらくミケランジェロは,神から与えられた最初の贈り物は,脳に宿る知力の類いだったと考えていたのだろう。

ミケランジェロは,アダムの創造主は大きな脳であると提唱しているようだ。

17 ヴェサリウスの解剖

　科学において，正確な脳の構造が初めて明らかになったのは，アンドレアス・ヴェサリウスが描いた図譜のおかげである。ヴェサリウスは，脳の物理的特性に関して詳細な研究を行い，これまでの神経学で唱えられていた霊魂的な説を一掃した。

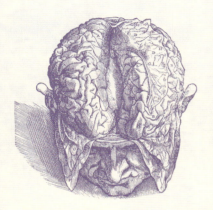
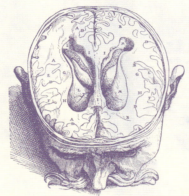

『ファブリカ（人体の構造）』の7巻では，脳のほかにも髪や肌，頭蓋骨から脳室にいたるまで網羅している。

　14世紀，黒死病（ペスト）がアジア，ヨーロッパを抜けて西方へ拡大し，世界の人口の5分の1を奪った。これにより，1,000年に及び違法とされてきた人体解剖が解禁され，医師たちは黒死病についてより詳しく調べることが許された。結局，役に立つようなことはほとんど見つけられなかったが，これにより人体の構造，そして脳の解明に通じる道に開かれた。ヒトの脳を描いた最古の絵は1316年のものであるが，近代の神経科学は，それよりのちに行われたアンドレアス・ヴェサリウスの研究によるところが大きい。

ガレノスの間違い

　1500年代，ヴェサリウスはベルギーで生まれ，イタリアのパドヴァ大学で研究を行った。著書『ファブリカ（人体の構造）』は大きな影響を与え，ガレノスの時代からずっと正しいとされてきた考えの多くを訂正した。なかでももっとも重要な発見は，ヒトの脳は奇網（網目状の血管）で覆われてはいない，ということだった。ガレノスはこれまで，奇網は，心臓から湧き出る生命精気から脳で使われる動物精気を抜き出す構造だと断言していた。しかし，脳を覆う奇網は蹄（ひづめ）をもつ動物にしか見られないのだ。（実際のところ，奇網はそれらの動物が全力で危険から逃れるときに頭を冷やす優れたシステムである。）ヴェサリウスはさらに，すべての神経は脳から発生しているのであり，約2,000年ものあいだ信じられていたように心臓から発生しているのではないことも示した。

迷信の終わり

　ヒトの脳は多くの動物の脳と異なる一方で，ブタやウマとは脳室の構造が驚くほど似ていた。もしヒトの脳室が知性を育むところであるならば，なぜほかの動物ではそれが育まれないのだろうかとヴェサリウスは疑問に思った。そして，脳こそが体の主要臓器であり，自己が座する場所であることを研究によって示した。ただし，その機能についてはまったくわかっていなかった。

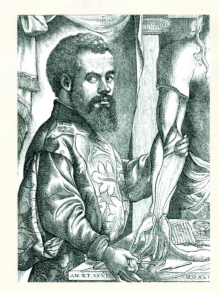

アンドレアス・ヴェサリウスは人体解剖学の創始者である。医師として大学を卒業したその日に，パドヴァ大学の外科学と解剖学の教授に任命された。

18 魔女の病気

近代以前の時代，舞踏病と呼ばれる運動障害は，神経疾患でもっとも多く現れる症状だった。しかし，このような症状が悪魔の印として見られることも少なくなかった。

ハンチントン病は神経系に見られる変性疾患であり，顕著な症状に体のねじれ，硬直，不自然な姿勢がある。中世のヨーロッパでは，これらの症状は悪魔に魅入られた証拠であると考えられていた。病気を発症すると著しい人格変化をともなうことが多かったからだ。罹患者は，運がよければ敬遠されるだけですんだが，最悪の場合は魔女として処刑された。これを病気として認めたのは，ロングアイランドのイーストハンプトンに住んでいた医師ジョージ・ハンチントンだった。この地域は1640年代に英国からの移民によって開発され，住民に「舞踏病」（地元ではmagrumsと呼ばれていた）患者が多い場所として有名になった。ハンチントンの祖父と父親はもともとこの町で医療に従事していたことから，ジョージは1870年代の時点でこの病気の罹患率に関するおよそ75年分のデータをもっていた。この病気が遺伝性であることは明らかであり，実際に，遺伝学という新しい科学分野において初めて同定された病気となった。しかし，ハンチントンは治療法を示すことはできず，現在でも有効な治療法はない。

中世に，魔女であるとして火あぶりにされた多くの人は，ハンチントン病患者であったと考えられている。

19 脳溢血

「アポプレキシー（溢血）」とは，現在の「脳卒中」を意味するギリシア語である。これは神経疾患のなかでも最古の病気であることに間違いなく，その記録は3,000年以上も前にさかのぼる。

アポプレキシーには「打ちのめされる」という意味があるが，近代の「脳卒中」という用語に言い換えて使われるようになったのは16世紀の終わりになってからだった。今でいう「脳卒中」は脳内の異常に対して使われているが，「溢血」は腺や臓器内部の出血にも使われるなど，より広い意味で使われていた。

何世紀にもわたり，多くの医師たちは脳卒中を理解しようと試みてきた。たとえばヒ

ポクラテスは脳卒中を次のように説明している。「健康な人が突然の痛みに襲われる。たちまちものがいえなくなり、喉からガラガラ音を出す。口を大きく開いて、誰かに名前を呼ばれたり動かされたりしても、うめき声を出すばかりでまったく理解できていない。無意識のうちに大量の失禁をする。発熱しなければ7日以内に死ぬが、発熱をともなう場合は回復することが多い。」

　ヒポクラテスは、脳卒中は冷えすぎてしまった過剰な黒胆汁によって引き起こされると考えていた。そのため、胆汁を温めて回復を促すための熱が必要なのだ。ガレノスはヒルを使って血液を抜く治療をしたが、患者が命を取り留めるかどうかは、月と惑星の位置に大きく左右されると考えていた。

イスラムの貢献

　10世紀になる頃、バグダッドは医術における世界的中心地となっていた。ここで病院長を務めていたのはアル゠ラーズィー（ラーゼス）である。アル゠ラーズィーは脳卒中の症状を「へなへなと倒れ込み、寝てもいないのにいびきをかき、針で刺しても痛みを感じない」と説明している。アル゠ラーズィーは脳卒中によって言語障害や半身麻痺が生じることを発見した。主な原因は黒胆汁が脳室に詰まっていることであると結論づけ、なんと熱い金属棒で頭を温める治療を行ったという。

循環障害

　脳卒中の本当の原因は、1658年、スイスの病理学者ヨハン・ヤコブ・ウェファーによって明らかにされた。ウェファーは、脳に血液を供給する血管に興味をもち、首と脊柱を通って血液を送る頚動脈および椎骨動脈を緻密に描いた。著書『アポプレキシア』のなかで、ウェファーは、脳卒中のなかには脳内の出血が原因で引き起こされるタイプのものがあることを示した。別のタイプは、反対に、脳内の血管の一つが詰まって血液不足になったときに起こる。今日「虚血性脳卒中」として知られているものだ。その後の研究によって、血管の詰まりは血液の塊が形成されることによって起こることがわかっている。

ヤコブ・ウェファーはさまざまな仕事に携わっており、多くの貴族に医師として仕えていたほか、毒薬にも精通していた──おそらく、貴族の暗殺に毒薬が使われたというようなことはなかっただろうが。

20 デカルト：反射と理性による調節

　ルネ・デカルトは，図形を扱う代数幾何学の発明や「我思う，ゆえに我あり」の格言など，数多くのことで名を残している。また，神経科学においても貢献し，迷信を排除して未来を予言した。

　デカルトは，意識と自己の本質を探求するなかで脳に興味をもった。幼少の頃から病弱でひ弱だったため，ベッドで過ごす時間も多くなりがちだった。ある朝，いつものように目覚めたとき，夢を見ていたことに気づいた。そして，夢を見ているときと覚醒状態はいったいどうやって区別できるのだろうかと疑問に思った。これまでの人生がすべて夢だった，という考えも無視することはできなかった。疑念は頭から離れず，これがデカルトの思想の基盤を形成していった。デカルトはあらゆるものを疑うようになった。見るもの，味わうもの，触るものすべては，彼が理解していない感覚プロセスの産物であり，疑わずにはいられなかったのだ。そして，自分は何か悪魔の力のようなものによって支配され，現実とは違うものを見せつけられて

デカルトは，視覚など私たちの感覚は松果体（Hで示す）との神秘的な相互作用による認識から生じると考えた。

いるのかもしれない，という考えを認めざるを得なくなった。そのような可能性は低いと思っても，デカルトはそれが誤りであることを証明できなかった。ただし，「自分は存在しないのではないか？」と疑うこと自体，(体はさておき)少なくとも自分の考えが存在することの証であると考えた。仮想上の悪魔は現実を変えられるとしても，存在しないものがそれ自体の考えを疑うことはできない。つまり，存在するものだけが考えることができるのであり，考えるものだけが実体を疑うことができる。これが「我思う，ゆえに我あり」の意味である。

反射的な仕組み

デカルトは脳の機能について持論をもっていたが，ヨーロッパの宗教権威から怒りを買うことを恐れ，その考えを生きているうちに書物として発表することはなかった。『人間論』という表題がつけられて本が刊行されたのは，死後，1662年になってからのことだった。この本のなかで，デカルトは，脳と体はおおむね機械的に動いているとする理論を述べている。神経には弁があり，神経を通る動物精気の流れる量を調節している。指を物体に押しつけて指の形が変わるとき，皮膚の下にある神経の弁が開かれる。つまり，指が物に触れた刺激を受けると，動物精気が脳室から神経に流れ出て，腕の筋肉を動かすという。

二元論

意識に関するデカルトの思想は，「二元論」として知られる概念の基盤を築いた。(ただし，イブン・スィーナーはすでに似たようなアイデアを考えていた。) 二元論では，心 (すなわち思考している自身) と体は別ものであるという主張である。体はあくまでロボット，あるいは自動装置のような機械だとする。デカルトの死後，1662年に発表された下の図は，目や指先からの刺激が神経を通って精気で満たされている脳室に移動する仕組みを示している。これらの刺激に対する反応は，その後，松果体 (H) のはたらきによって調節される。

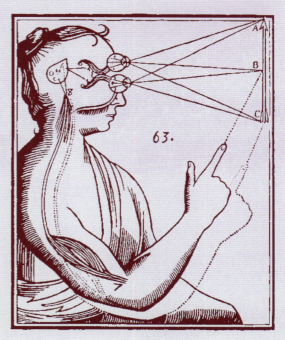

デカルトは，場合によってはこのプロセスに思考の介入が求められるとし，それは松果体または松果腺と呼ばれるものを通して行われると提唱した。脳の構造物の大半が対をなしているのとは異なり，松果体は単独で脳の外側に存在し，脳脊髄液 (あるいはデカルトのいう「動物精気」) に浸っている。動物精気が全身を巡るのは，突き詰めれば，松果体が調節しているからであり，松果体のわずかな動きによって，自動的な反射運動に変化がもたらされるという。しかし，このデカルトの理論は広くは受け入れられなかった。当時，脳室に関するヴェサリウスの議論のほうがより説得力があったからだ。多くの動物，それもごく単純な行動しかしない動物でさえ，非常に大きな松果体をもっていることを考えれば，松果体が知性や理性に関与しているとは信じがたかった。とはいえ，頭と体の問題を突き詰めて原理を見出そうとするデカルトのやり方は，将来の神経科学者たちの役に立つのだった。

21 ウィリス動脈輪

デカルトが脳の機能に関する哲学理論を発表した2年後，英国の医師トーマス・ウィリスは当時もっとも詳細な脳の解剖学的報告を発表した。発見した構造の一つには，今も彼の名前がついている。

大きな影響を与えたウィリスの著書に『解剖学著書』がある。これは，その後何年にも及び神経学における重要な本となった。なにしろ「神経学」という用語が初めて使われたのも，この本なのだ。ウィリスには協力者がいて，解剖学者リチャード・ロウアーが解剖を手伝ってくれたことに対して謝辞を述べている。また，二人が明らかにした多くの複雑な構造をスケッチしたのは，英国を代表する建築家の一人クリストファー・レンだった。17世紀に建立された数ある有名な建築物の一つ，ロンドンの通りに建つセント・ポール大聖堂を手掛けた人物である。

血管の輪

ウィリスは，脳につながる動脈をたどっていき，脳の基底部に興味深い血管が形成されているのを発見した。2本の椎骨動脈は，脊椎をうねるように上がると脳の基底部で合流して脳底動脈になる。ここからいくつかの動脈が枝分かれするのだが，そのうちの1本は首を通ってやってくる内頸動脈と連結する。これら内頸動脈のあいだを交通動脈が取り囲んで一つの輪を形成する。これがウィリス動脈輪（大動脈輪）である。この血管構造は，生まれつき備わっている予備システムで，もし血管が1本使いものにならなくなったとしても，血液はかならず別の通り道を見つけられるようになっている。脳は，頑丈な臓器なのだ。

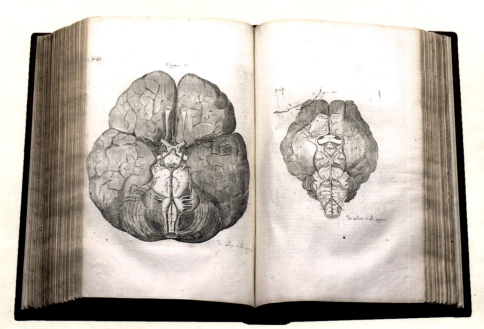

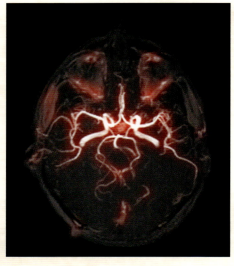

ウィリス本人によって示されたウィリス動脈輪と近代の血管造影図。

22 機能解剖学

トーマス・ウィリスの興味は，ヒトの脳の物理的構造を描くことに留まらず，それぞれの部位のはたらきを理解することにも及んだ。ウィリスの思想は，脳室に魂があるとした神経学の時代から近代科学への架け橋となった。

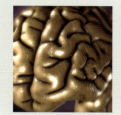

神経学の父であるトーマス・ウィリスは，脳が身体の王様のように機能し全体的な運動の制御を指示していると述べた。

ウィリスらが『解剖学著書』を出版するまで，脳に興味をもっていた人の多くは，共通感覚を応用していた。共通感覚とは，イブン・スィーナーが唱えた脳のはたらきである。すなわち，外界からくる断片的で多様な感覚は，側脳室から主要感覚器である脳の前方へと伝えられる。脳室はそれらの感覚情報を一つの現実像に融合して共通感覚を作る。共通感覚は次に中央脳室へと渡され，そこで知性と理性により行うべき行動が判断される。そしてさらに後方の脳室に伝わり，その時点の記録として記憶される。

ウィリスの推論

ウィリスは，そんな通説とはまったく異なる思想をもっていた。彼はヒトとほかの動物の脳を比べたり，英国のオクスフォードで開業医を務めながら脳損傷を観察したりするなかで，その思想にたどり着いた。

ウィリスは脳の外側の部位には，記憶や想像といった，より高次でヒトならではの能力が備わっていると提唱した。なぜなら，その部位がヒトの脳のなかでもっとも大きいばかりか，ほかの動物のそれをはるかにしのぐ大きさだったからである。よって，この部位こそが，ヒトに知能を与えているのだと結論づけた。

脳回と脳溝

ヒトの脳の表面には，脳回と呼ばれる，ぽってりと丸みのある畝がある。これは健康な脳にはかならず見られるものであり，比較的規則性のある構造になっている。脳回と脳回を区別する溝を「脳溝」と呼ぶ。ウィリスは，それぞれの脳回は特定の高次機能をつかさどると提唱した。その理論のなかで，脳回は感覚的情報を大脳半球深部にある高密度領域から受け取っていると述べ，これを線条体と呼んだ。随意運動をコントロールするのもこの線条体であるとされた。

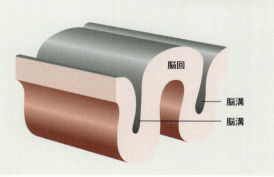

小脳

一方，脳の下部かつ脊髄の上にある部位は，より基本的な機能をつかさどる—もちろん，基本的であるがゆえに非常に重要であるのだが。ウィリスは脳のこの部分を「小さい脳」，すなわち小脳と呼び，対して残りのほとんどの部位を大脳と呼んだ。しかし，ウィリスのいう小脳は今ほど厳密に定義されておらず，おそらく，今なら小脳と区別されている橋や延髄といった後脳の構造も含んでいたと考えられる。ウィリスは大脳の「灰白質」と，脳から体へと動物精気を運ぶ線維からなる「白質」を区別した。

23 聖ヴィトゥス舞踏病

ヴィトゥスとは，ローマ帝国がキリスト教徒を迫害していた頃に殉教した初期キリスト教の聖人で，今では舞踏家の守護聖人とされている。聖ヴィトゥス舞踏病は運動疾患である舞踏病の一種の古い呼び名であり，17世紀の医師の功績により今ではシデナム舞踏病として知られている。

1686年，英国の医師トマス・シデナムは舞踏病の詳細を次のように書き記し，これがのちにシデナム舞踏病と名づけられた。「けいれんの一種で，10代から思春期までの少年少女がかかりやすい。フラフラとした足取りで歩き…手は少しもじっとしていられない…ペテン師（詐欺師）みたいに，大げさな身振り手振りをする。」彼いわく「奇行が神経を襲った」のだ。シデナムは，腕から血を抜き，脚に塗る軟膏を処方した。効き目はあり，患者はみな回復した。

17世紀当時の記録から，聖ヴィトゥス舞踏病は女性と子どもに多く見られる病気であったことが，近代の研究によって示された。

子どもの病気

のちの研究でも，おおかた同じようなことがわかった。聖ヴィトゥス舞踏病にかかりやすいのは20歳以下の若者。患者は歩行が困難になり，横になっているときも身をよじりすぎて，ベッドから落ちてしまう。しかし，ひとたび眠りに落ちればけいれんは治まる。また，この病気は一過性と決まっていて，一般的に数週間から数カ月で治る。患者は，再発こそすれ命を落とすことは滅多にないこともわかっていた。

20世紀になる頃には，聖ヴィトゥス舞踏病の原因が細菌感染にあることが示された。その特異的な症状は，随意筋肉をつかさどる領域の運動皮質が炎症を起こすことによるものだった。運動皮質は近年発見されたばかりで，この一時的な病気との関係性により，その機能を知るさらなる手がかりが得られた。

聖ヴィトゥス舞踏病では，さまざまな不随意運動が起きる。今ではペニシリンで治療が行われる。

24 知識の本質

白紙状態
ジョン・ロックは，知識は経験から生じるとする経験主義学派の始祖である。ロックによれば，ヒトの脳は生まれたときはタブラ・ラーサ（白紙状態）だという。脳は完全に空っぽの状態で，それがみるみるうちに埋まっていく。はたして，現代の神経科学はこの考えを支持するだろうか。

　脳の本質は，医学の研究とともに，哲学者たちからも注目されるようになった。英国のジョン・ロックは，まったく奇想天外な疑問を抱いた—もし知識が誰かの脳から別人の脳に移動することができたとしたら，その人も知識と一緒に移動したといえるだろうか？

　ジョン・ロックは，幸運なことに，哲学者だけでなく医師でもあった。ロックは1689年の著書『人間知性論』で，次のようなことを取り上げている。もし，二人の人物が，ある日，互いの記憶が入れ替わって目覚めたらどうなるだろうか。二人の体も環境も今までと同じだが，なぜ自分がその家のそのベッドにいるのか，まったく見当がつかない。今の体に関することは何も知らないが，どこかに存在する別の体の病歴は覚えている。さて，結局のところ，二人は誰であるといえるのだろう？

25 観念論

英国国教会主教のバークリーは，私たちの頭がどのように認識しているのかについて考えを巡らせた。

　脳科学の歩みに影響を与えたもう一人の哲学者にジョージ・バークリーがいる。ロックは脳は世界を経験していくことで満たされると唱えたが，バークリーは脳は世界が存在する唯一の場所だと主張した。

　アイルランドに生まれたバークリーは英国国教会の主教で，「非物質論」と自ら呼んだテーマに関する本をいくつか出版している。彼の基本哲学は「存在することは知覚されることである」と要約されることもあるが，これはいささか正確さに欠ける。というのも，バークリーは外界に物質的世界が存在することを疑っていたわけではなくて，外界の物質的世界の存在に私たちがはたして気づけるのかということを問題にしていたからだ。バークリーは，私たちが見ているものはすべて，知覚によって心に与えられた外界の精神的な印象でしかないと述べた。ほかに証拠は何もない。それはすなわち，私たちには世界を具体的に，あるいは偽りなく理解するすべがないということである。その代わり，私たちは外界の印象に自身の経験を投影する。私たちが認識する原因や結果は，自らの行為から生じているのであって，外界に実在するものとはいえないというのだ。このような見方は，現代の私たちがヒトの意識について考えるときにも生き続けている—事物は私たちが認識して初めて存在するのだろうか？

26 視交叉

脳に関連するもっとも大きくて明確な神経構造といえば視交叉である。視交叉とは，脳内で二本の視神経が交わって太い束になっているところをいう。古代から知られていた構造ではあるが，その一風変わった性質が明らかにされたのは1700年代になってからのことだった。

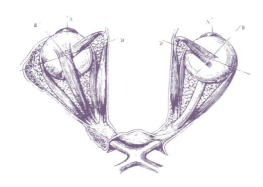

視交叉は視床下部の下に位置する。

ガレノスをはじめとした外送理論の支持者たちは，目から発せられる「火」の源は視交叉であると考えた。しかし，より筋の通った視覚理論が形成されるにつれ，研究の矛先は視交叉を通る視覚情報経路に向くようになった。「交叉」という言葉には「交わる」という意味があるものの，18世紀になるまで視覚神経が実際に交わっているとは考えられていなかった。『光学』を著したアイザック・ニュートンが神経の一部は交わっていると提唱したのが1704年。当初は多くの人の混乱を招いたが，1719年，ジョヴァンニ・バチスタ・モルガーニによってこの理論が裏付けられることとなった。モルガーニは，脳に損傷を受けた人が両目の視力を半分ずつ失った原因を報告したのだ。どういうことかというと，もっとも鼻に近い視界領域からの信号は，視交叉で交わって脳の奥へと伝えられるが，目の両端，つまり外側の視界領域からくる信号は，視交叉部分で交わらずに脳の奥へと伝えられるのだ。この構造のおかげで，左右の目から得られる平面的なイメージから立体的なイメージが作られている。

27 動物電気

1780年代になるまで，神経を通じて信号を伝達するメカニズムは，古代の動物精気説からほとんど進展していなかった。そこに，あるイタリア人解剖学者が思いがけない発見をした。

ルイージ・ガルヴァーニは，父親と同じ医者の道を選び，手術の訓練をしているうちに解剖学に興味をもって，やがてボローニャ大学の解剖学教授になった。学術研究を始めて9年後，ガルヴァーニは思いもよらない発見をして後世に名を残すこととなる。その発見は，解剖学に革命を起こすと考えられただけでなく，神経科学，それに物理学にとっても大きな転換期となった。

ガルヴァーニが描いたスケッチ。カエルの脚が「動物電気」で動いている。

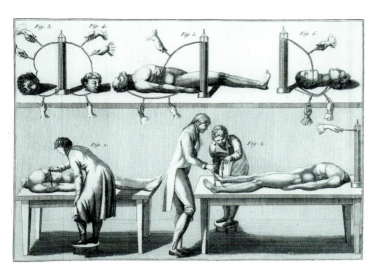

ジョヴァンニ・アルディーニは死体に電気を流したときの影響を実演してみせた。これに着想を得たのが怪物フランケンシュタインで，以後もそのような人気キャラクターは作られ続けている。

あるとき，ガルヴァーニは切断したばかりのカエルの脚2本を乾かそうと鉄条網に吊した。鉄条網は鉄製で，フックは銅からできていた。すると新鮮なカエルの脚がけいれんを始めたのである。いくつかの報告によれば火花も出たというから驚きだ。ガルヴァーニは，電気でけいれんを再現できることを発見し，生きている（少なくとも死んだばかりの）筋肉は，彼のいう「動物電気」によって刺激されることを示した。

神経エネルギー

ガルヴァーニはさらに調査を続けた。そして，銅と鉄から作られているワイヤーを曲げ，露出している神経とカエルの脚先を接続すると同様の現象を再現できることを発見した。ガルヴァーニは気づいていなかったが，彼は「動物電気」が神経を通って筋肉に流れて筋収縮を引き起こすという基本的な回路を形成していたのだ。ガルヴァーニは，この方法を用いて，より大型の哺乳類でも同様の結果を得られること，さらには人間の体でさえもその回路の一部になり得ることを報告した。ただし，ほかの科学者らはのちに，電気は動物組織をかならずしも必要とせず，むしろ，動物組織がないほうが効果的にはたらくことを示した。いずれにしても，電気と体の仕組みはその後の研究者らの関心の的となり，電気を治療に役立てたり，電気と神経や筋肉のはたらきとの関係を探ったりということが行われるようになっていった。

蘇生

電気と神経のかかわりは，ガルヴァーニの甥ジョヴァンニ・アルディーニによって大々的に示された。1800年代初期，アルディーニは動物電気の実演をする旅に出たのだ。彼はヨーロッパ各地を巡りながら，死刑を執行されたばかりの受刑者の神経に電気を流して死体の口をパクパクさせたり，まばたきをさせたり，目をくるりと回転させたりして見せた。アルディーニのおぞましいパフォーマンスに刺激を受けて，のちに神経科学者となった若者は大勢いた。電気によって蘇生する怪物の物語『フランケンシュタイン』の著者メアリー・シェリーも影響を受けた一人だった。

フランケンキティ

1817年，ドイツのカール・オーガスト・ウェインホールドは，怪物フランケンシュタインを生きた動物で試した―ネコを使って。ウェインホールドは，死んだばかりのネコの脳と脊髄を取り出し，頭蓋骨と脊髄に空いた穴に亜鉛と銀の混合物を流し込んだ。この哀れなネコの体内で，2種類の金属が電堆（電池）のようにはたらいて神経の電気的信号に代わり得るかどうかを試みたのだ。ウェインホールドによれば，ネコは電流によって少しのあいだ蘇生し，立ち上がってロボットのような動きで伸びをしたという。

28 骨相学

脳は領域ごとに特徴的な機能を担っているという概念は，すでに確固たるものになっていた。しかし，いったいどの領域が何をしているのかということについては，遅々として研究が進んでいなかった。19世紀になる頃，頭を外から観察するだけでよいと唱えるドイツ人が現れた。

その人物の名はフランツ・ヨーゼフ・ガルといい，骨相学を創始した医師である。骨相学という用語には「心の研究」という意味があり，脳機能局在論（脳の各領域に異なる機能を割り当てていくこと）の試みにかかわる分野に大きく貢献した。とはいえ，骨相学の主たる貢献は，それがまったく無意味であったことだ。それが露呈されたことで，神経科学はより発展的な研究へと導かれたのであった。

フランツ・ヨーゼフ・ガルは，骨相学の創始者である。彼の研究は19世紀の精神科医に大きな影響を与えた。

頭の形

骨相学の主な主張によれば，脳は，それぞれが特定の役割を担う独立した「器官」の集まりであり，これらの器官は幼少期の発達段階において頭蓋骨の形状形成に影響を及ぼす。1790年代，ガルはこの思想についてウィーン医科大学で講義を行うようになったが，教会の権威者らから反感を買い，1802年にパリに移り住んだ。この土地で，骨相学は一般の人々の心をとらえ，その後数十年にわたり支持されることとなった。

骨相学は一般大衆にも容易に理解できた。多くの開業医は，子どもの頭を測ればその子の将来が予測できると主張した。

驚いたことに，ガルは9歳のときからこのアイデアをもっていた。彼は，学友の一人と自分の学力を比較したことを公表している。ガルは書くのが得意だったが，詩の暗唱では友人のほうが上だった。ガル少年は，この違いは友人の「ウシのような目」，つまり，おでこがわずかに出っ張っていることにあると考えた。ガルにとって，これは記憶力や話す能力が頭の前方に位置していることを証明するのに十分だった。似たような頭の形をした別の誰かもやはり話をしたり文章を記憶したりするのに優れていた。子どもにしてはなかなか鋭い観察だといえよう。だが，大人になってもこのアイデアから脱却することはなかった。ガルの名誉のために付け加えると，脳の機能局在に関する思想は，当時まだあまり報告されていなかった。こうして，ガルの生涯の仕

事が決まったのだった。

動物とヒト

　ガルは，さまざまな方法で頭蓋骨の地図を作り始めた。まずは，偉大な思想家や芸術家，成績優秀者といった人たちの頭の形を調べた。そういった人たちだけに見られる頭蓋骨の特徴を探し，そこに彼らの優れた脳領域が存在するのだと考えたのだ。同じ理由から，犯罪者や精神疾患の患者の脳も調べた。ガルは，何かしら並外れた能力をもっていた人の頭蓋骨を所持していたが，その数は合わせて300個にも及んだ。加えて，可能な限り多くの特権階級者を被験者とした。もちろん，ヒトの脳にある機能の多くは動物とも共通するので，特異的な特徴をもつことで知られる動物各種の頭蓋骨も研究した。

　ガルはヒトの頭を27個の領域に分けた。そのうち19個の領域は動物と共通する。彼は，破壊性に関する領域は耳の上にあると考えた。大型の肉食動物で盛り上がりが見られるからである。そのさらに上には窃盗願望に関する領域がある。これも，スリはこの部分に大きな出っ張りをもっているからだった。物書きは頭の横をこするものだが，詩人の胸像をいろいろ見てみると，この領域が大きくなっていた。よって，この領域は発想や仮想に関与するとした。さらに，宗教関係の人々には頭のてっぺんに出っ張りがあるので，この領域には崇敬する能力があるとした。ガルは，左右の脳半球はそっくり同じでつり合いをとりながらはたらくと述べ，頭の片側に脳損傷を負うと，そのバランスが崩れて機能が失われると推測した。しかし，この考えは一般大衆には支持されても，科学界では最初から疑問視された。失われた機能は，たとえ脳の一部が取り除かれても取り戻すことが可能だから，というのが主な理由だった。

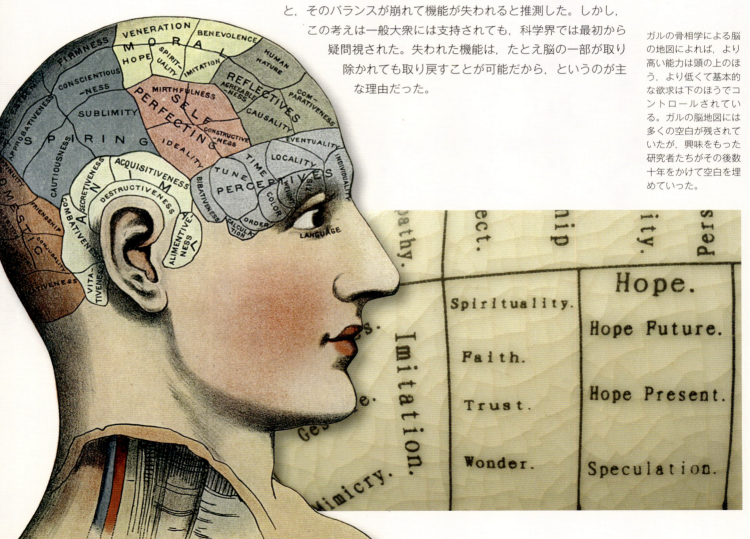

ガルの骨相学による脳の地図によれば，より高い能力は頭の上のほう，より低くて基本的な欲求は下のほうでコントロールされている。ガルの脳地図には多くの空白が残されていたが，興味をもった研究者たちがその後数十年をかけて空白を埋めていった。

29 パーキンソン病

世界人口の高齢化にともない，パーキンソン病に苦しむ人々の数が増加している。主に高齢者がかかるこの疾患は，1817年に初めてこれを記録したジェームズ・パーキンソンにちなんで名づけられた。

パーキンソンはロンドンの外科医であり，著述家でもあった。古生物学や政治，化学に関する本などを執筆したが，彼の名を有名にしたのは『振戦麻痺に関する小著』であった。ただし，これがパーキンソン病と呼ばれるようになるまでには1世紀を要した。1850年，ジャーマン・シーは，舞踏病と振戦麻痺の違いに関する論文を書く際に，パーキンソンの研究成果に敬意を示そうとして，誤ってパターソンと記した。1861年には，ジャン＝マルタン・シャルコーが間違えることなく「パーキンソン病」という病名を考えたが広く知れわたることはなく，依然として振戦麻痺という名称で呼ばれることが多かった。そして1912年，米国の医師レオナード・ラウントリーが休暇で英国を訪れたとき，パーキンソンとこの神経変性疾患との関係を再発見し，パーキンソン病の研究を再び活性化させたのだった。

60歳以上の人口の1％はパーキンソン病に苦しんでいる。80歳になると，その割合は4％になる。

振戦麻痺

パーキンソンが書いた小論は，六人の患者の観察をもとにしたものであり，うち三人はパーキンソン自身が実際に診察していた。残りの三人は，街中で見かけた人だった。立ち止まって見つけた二人と，遠くから目にした一人である。いずれにしても，パーキンソンは，この疾患に特異的な特徴を収集し，ほかの運動障害と区別することに成功した。振戦麻痺では次のような症状が見られた。不随意の震え，筋力の衰え…前傾姿勢になりやすい…判断力や思考力には影響なし。

パーキンソンの患者たちは発症時期がはっきりわからなかったので，パーキンソンは，この疾患が非常にゆっくりと進行するものであると考察した。また，この疾患が神経ではなく脳の疾患であるということも提唱し，その因果関係は1921年に正式に確認された（左の囲み参照）。

黒質

ジェームズ・パーキンソンは，震えについて説明したものの，その原因を示さなかった。シャルコーは落ち込みや悲しみが原因であると唱えたが，一方で米国のジョン・ハチスン・ジャクソンは，震えは神経の刺激が断続的にブロックされるために起こると考えた。この疾患を脳の中心部にある黒い斑，つまり黒質の損傷と関連づけたのは，ロシアの解剖学者コンスタンチン・トレチャコフであった。1921年に行われた多数の解剖により，すべてのパーキンソン病患者はこの小さな部位に損傷を受けていることがわかった。その後の研究によって，この黒質は，運動をつかさどる大脳基底核にドーパミンという化学物質を提供することが明らかになる。パーキンソン病はこの供給が阻害されることによって起こる。

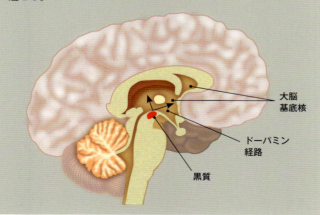

大脳基底核
ドーパミン経路
黒質

30 ベル‐マジャンディの法則

脳と神経系の各部位は、どのように特殊化して特定の機能を担っているのか。これを解明する最初の発見は1800年代初期に行われた。なかでも、もっとも重要な発見は、脊髄は比較的単純なルールに従って機能しているということだった。

1806年、フランスのジーン・シーザー・ルガロアは、脳のどの領域が何を担っているのか（大脳機能の局在化）を理解しようと考え初めて正しい発見をした。ウサギを用いた実験では、第Ⅷ脳神経より下の脊髄を切断してもウサギは呼吸を続け、そして少なくとも数分間は生きていられることに気づいた。ルガロアは、呼吸中枢、つまり呼吸をつかさどる脳の場所を発見したのだ。呼吸中枢は延髄にあった。延髄は、これまで脊髄の一番上にあると考えられていたが、このときから脳の一番下にあると見なされるようになった。

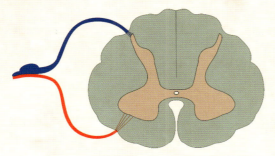

ベル（左）とマジャンディ（右）が示したように、感覚神経（青）は脊髄の背部へ、運動神経（赤）は腹部へ信号を伝達する。

入力情報と出力情報

同じ頃、ほかにも二人の研究者が脊髄の研究を行っていた。その二人とは、ロンドンではたらいていたスコットランド人のチャールズ・ベルと、パリ近郊に住んでいたフランソワ・マジャンディである。それぞれ独立して研究していたが、どちらも実験に子イヌを用い、どちらも脊髄がどのように感覚器から情報を受け取り、どのように信号を筋肉に伝達するのかについて興味をもっていた。脊髄につながっている神経は、見た目が植物の根に似ていることから「神経根」と呼ばれ、いずれも入力情報と出力情報の両方を扱えると考えられていた。

ベルは死体の解剖を中心に研究を行い、1811年に脊髄の内部から出ている神経根が筋肉につながっていることを発見した。生きた動物の生体解剖も行ってはいたが、その場合はイヌが痛みを感じなくて済むように意識をなくした状態にして行うのがつねだった。実験中は感覚神経も麻痺しているため、感覚神経についての発見は少なかった。

一方、マジャンディは、1820年代に意識のある子イヌの生体解剖を行った。マジャンディはベルの発見を追認し、新たに感覚神経が脊髄の後ろ側につながっていることを明らかにした。医学用語では、筋肉につながっている運動神経は前根といってへそ側にあり、感覚神経は後根といって背中側にある。この発見者についてはかなり意見が分かれたが、現在、一般的となった脊髄神経根の構造はベル‐マジャンディの法則として知られている。

脊髄

脊髄は、脳とほぼ全身を中継する。ここには31対の脊髄神経がベル‐マジャンディの法則に従い、運動神経根と感覚神経根に分かれて存在している。脊髄を損傷すると、その損傷箇所より下部の運動と感覚の機能が失われる。

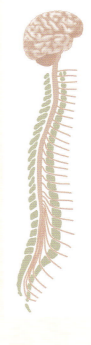

31 神経細胞

体細胞の概念が生まれたのは、ロバート・フックが初期の顕微鏡で初めて細胞を観察した1665年にさかのぼる。しかし、神経細胞の役割については、1830年代になって顕微鏡の性能がさらに向上し、脳を詳しく観察できるようになるまで謎に包まれていた。

生涯をかけた研究に沈思熟考するヤン・エヴァンゲリスタ・プルキンエ。

ロバート・フックは、コルクの小片を観察したときに、小さな部屋が並んでいるような構造を見た。修道士たちの勉強部屋に似ていると思ったフックは、これらを小部屋という意味のcell（細胞）と呼び、以来この名が使われている。ただし、コルクの細胞は、脳細胞を含む人体のほとんどの細胞よりも随分と大きい。

神経科学の先駆者たちは、これまで、脳の肉眼的解剖を行い、病変から脳のはたらきについての情報を集めるくらいしかできることがなかった。つまり、生きている動物の脳を切除してその影響を調べたり、亡くなった人の脳解剖を行い病変のある組織から病気の原因を調べたり、あるいは致命傷ではないが不運にも脳に損傷を負った人が現れるのを待って、患者の能力をテストしたりするようなことだ。それが1820年代に入って新たなデザインのレンズが作られると、脳の構造を細胞レベルで観察できるほど強力な顕微鏡が出現した。脳のはたらきを知る手がかりとして、神経科学者たちはいったい何を見つけたのだろうか。

枝分かれしている細胞

顕微鏡技術の飛躍的な発展は色消しレンズ（色収差補正レンズ）によってもたらされた。色消しレンズは、どんな色の光でも焦点を結ぶことができ、より高い倍率にすると、いまだかつて見たことのないほど鮮明な脳組織を観察することができた。脳はナイフで薄く切るか、ピンセットで薄い層に分けられた。そして研究者たちが顕微鏡の焦点を合わせていくと、（もっとも大きな種類ではあったが）脳内の細胞を初めて見ることができた。ただ、脳には非常にたくさんの細胞が詰め込まれていて、一つの細胞が、いったいどこから始まってどこで終わるのかはわからな

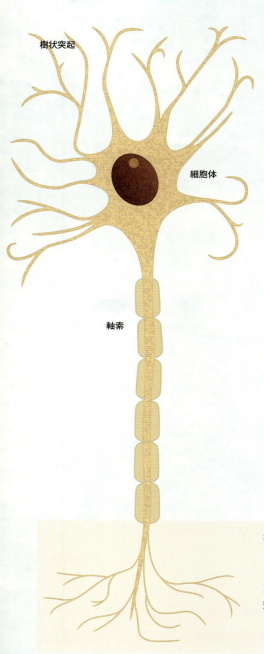

樹状突起

細胞体

軸索

神経細胞

どの神経細胞も、同じような構造をしている。核は細胞体の中心にあり、多くの突起に囲まれている。数の多い短いものは樹状突起であり、細胞体から出ている単一の長い突起は軸索である。

かった。やがて，独立して研究を行っていた三人の解剖学者たちが，脳細胞の観察に初めて成功することとなった。

その三人の科学者とは，クリスチャン・ゴットフリート・エーレンベルク，ガブリエル・ヴァレンティン，ヤン・エヴァンゲリスタ・プルキンエであった。小脳にある大きな細胞を研究し，その発見を見事なイラストで報告したのはプルキンエだった。彼が描いた図は，しっぽのあるオタマジャクシだとか，ヒラヒラした尾ひれをもつ魚に少し似ていた。その後，顕微鏡の性能とともに染色技術が発達すると，細胞にはしっぽや尾ひれが一つあるだけではなく，細胞体を中心にいくつも枝分かれしていることが明らかになった。分かれている枝の一つはほかよりも太くてずっと長く，当時は軸筒と呼ばれていた。現在，樹状突起として知られている短い枝は，長さ100万分の1インチ（数ピコメートルほど）で，近くの細胞から信号を集める，いわば細胞の受信機だ。軸索と呼ばれる大きい突起は細胞から信号を送り出すもので，樹状突起よりもはるかに長い。長いものは数十センチメートル単位で測定できるほどだ。

細胞説

プルキンエの図が1837年に発表された2年後，テオドール・シュワンらが，生物学において一般的となった細胞説を提唱した。細胞説は，すべての生体には少なくとも一つの細胞がなくてはならず，どの細胞も別の細胞が分裂してできるものとした。しかし，神経細胞はほかの細胞と比べてあまりにも奇抜なので，この説に該当するのかは誰にもわからなかった。そもそも，神経細胞は細胞なのだろうかと疑問視されるほどだった。

「感覚をだますことは，認知の真実である」
ヤン・プルキンエ

発見者の名をとって命名されたプルキンエ細胞のイラスト。サンティアゴ・ラモン・イ・カハールによって描かれたもので，1880年代に神経細胞の完全な構造を解明するのに一役買った。

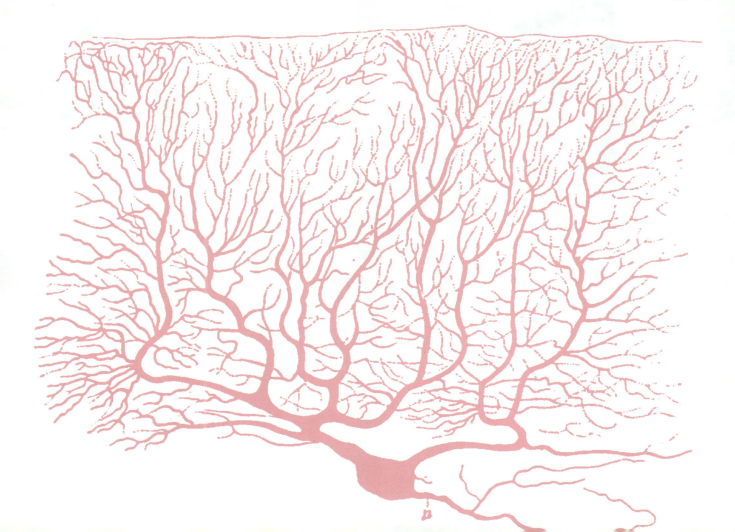

32 麻酔薬

医師たちは長年，患者の痛みを和らげる方法を模索してきた。感覚を鈍らせるさまざまな調合薬は古代から使われてきたが，1840年代になる頃には，意識を失わせる各種化学薬品が新たに発見された。これらの麻酔薬は，手術を受ける患者にとって大きな利益をもたらしただけでなく，脳機能の解明にも光を当てた。

麻酔薬の概念は歴史書に記されるほど古くから存在する。バビロニア人は，ケシの実から採れる液や鼻をつくような匂いのあるイヌホウズキを頼りに痛みの感覚を和らげた。ヒポクラテスとガレノスは，アヘンに鎮痛作用があることをよく理解していた。しかし，これらの薬は鎮痛剤として効果が認められるものの，比較的効き目が遅く，安定性に欠けた。そのため古代から19世紀にいたるまで，どんな外科的処置も恐ろしいものだった。たとえ手術開始前に鎮静させられていても，患者が静かにしていられるのはもっとも刺激の少ない切開のみ。それよりも強い刺激を受ければ目を覚ましてしまうのだった。中世では，患者が動きそうになったら，口と鼻の上にスポンジをかぶせて麻酔薬を導入する試みが行われていたと記録されている。この方法が次第に採用されなくなったのは，おそらく死者が多く出たためだろう。

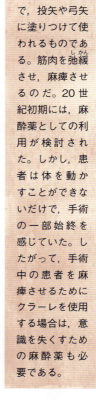

吸入式の麻酔薬は，患者の意識を失くし，手術中の処置がわからないようにしておくために使用することができる。

笑う薬

18世紀末の最先端科学といえば空気だった。なにしろ水素や酸素，窒素などの新しい「空気（気体）」が発見されたのである。英国ブリストルの気体学研究所では，トーマス・ベドーズのもとで，そういった気体のなかから吸入薬を発見することに力が注がれていた。1790年代，ベドーズは結核患者の肺を治療できるのではないかと期待して，病院内に建てた牛小屋の悪臭を吸わせるようなこともしていた。1799年には，コーンウォールの若き科学者ハンフリー・デービーを雇って窒素化合物ガスの研究を行った。デービーは亜酸化窒素を吸うと体が麻痺することを発見し，気分が高揚してたくさん笑うこともわかった。この気体はすぐに「笑気ガス」として知られるようになった。デービーとベドーズは，友人たちを招いて笑気ガスパーティーを開いた。詩人のサミュエル・テイラー・コールリッジもその一人で，彼自身は鎮痛のためにアヘンを常用していた。デービーはパーティーでロンドンの裕福な上流社会の人々と知り合うようになり，英国の秀でた科学者たちの仲間入りをした。デービーは笑気ガスを医療

クラーレ

クラーレは，南米の植物に含まれる毒物で，投矢や弓矢に塗りつけて使われるものである。筋肉を弛緩させ，麻痺させるのだ。20世紀初期には，麻酔薬としての利用が検討された。しかし，患者は体を動かすことができないだけで，手術の一部始終を感じていた。したがって，手術中の患者を麻痺させるためにクラーレを使用する場合は，意識を失くすための麻酔薬も必要である。

エーテルとクロロホルムは，危険性がないわけではなかった。写真のように，過度な吸入を防ぐために，さまざまな吸入器が発明された。

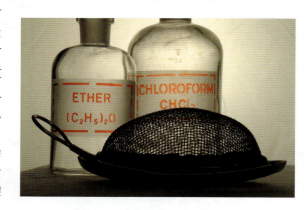

に利用できるのではないかと提案した。このアイデアは当時取り合ってもらえなかったが，1844年，ある米国人医師が自ら笑気ガスを吸った状態で抜歯を行ったことから，軽い麻酔薬として笑気ガスが使用されるようになった。

ところが，デービーの助手をしていたマイケル・ファラデーは，「エーテル」と呼ばれるより強力な麻酔ガスをすでに発見していた。笑気ガス同様，エーテルパーティでお祭り騒ぎをすることが盛んに行われるようになり，途中で一時的に意識を失った人がいたという報告が出るようになった。1842年，米国の外科医クロフォード・ロングもこの異様なパーティーのことをよく知っていて，ちょっとした手術の際の全身麻酔としてエーテルを使うようになった。同じ年の暮れ，スコットランドの外科医ロバート・リストンは，麻酔をかけた患者の脚を3分以内に切断した。なんと，患者は何も感じなかったという。

1847年，ジェームズ・ヤング・シンプソンは，エーテルと似た効果をもつクロロホルムの実験を開始した。（これがエーテルよりも危険であることはやがて判明する。）問題は，これらの化学物質が人々を眠らせているのか，それとも別のことをしているのかということだった。

意識を失わせるもの

麻酔薬は鎮痛剤とは異なり，眠気を誘い，反応を鈍らせ，最終的には眠らせる。つまり麻酔薬は厳密には鎮痛剤ではなく，痛みなどの刺激を自覚しにくくするのだ。原理はまだ完全に解明されていないが，これらの薬は脳内の神経細胞の活動パターンを抑制し，感覚を麻痺させたり記憶を失わせたりする。ようするに意識を失わせるものである。

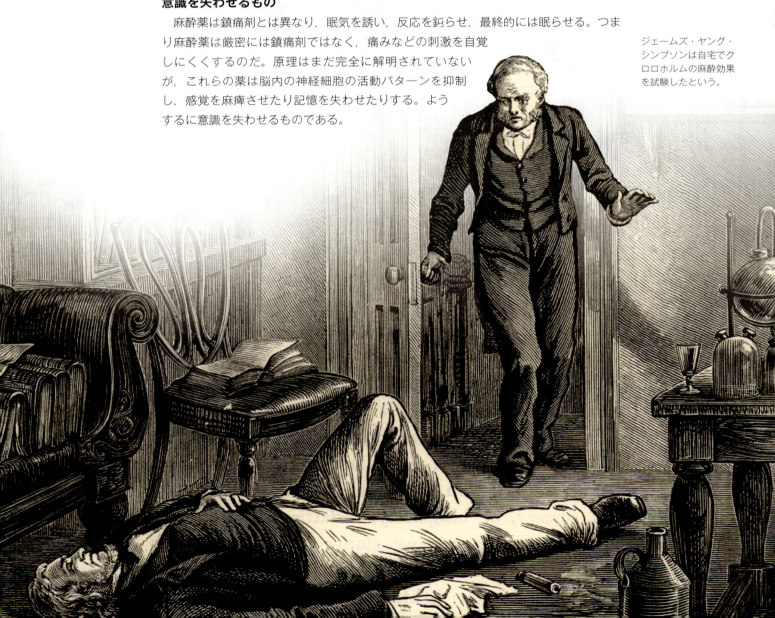

ジェームズ・ヤング・シンプソンは自宅でクロロホルムの麻酔効果を試験したという。

33 フィネアス・ゲージ

1848年，米国バーモント州で鉄道の切断工事中に事件は起きた。爆発により，長さ1.2メートルの金属が作業員の頭を突き抜けたのだ。男は脳損傷に耐え一命をとりとめたが，事故後の男の変貌ぶりに誰もが関心を寄せた。

不運にも犠牲者となったのは，ラトランド・バーリントン鉄道の現場主任を務めていた25歳のフィネアス・ゲージ。岩盤をくり抜いた穴のなかに火薬を入れ，長い鉄の棒で突き固めていたところ，その穴のなかで火花が発生して火薬に火がついたのだ。その瞬間，鉄の棒が飛び，ゲージの左頬から頭のてっぺんに突き抜けた。彼は生きていて，医療助手が駆けつけたときには自らこういった。「先生，あなたの出番ですよ。」

回復

ゲージは意識がもうろうとした不安定な状態が2週間続いたが，体力を取り戻し，驚くべき速さで回復した。再び歩けるようになるまで，ひと月とかからなかった。ゲージは有名人となり，しばらく地方を旅してから，貸し馬屋や駅馬車の御者としてはたらいて腰を落ち着かせた。しかし，1860年，ゲージは発作に苦しむようになり，仕事ができなくなった。亡くなったのは，その数カ月後だった。

死亡時には検死解剖は行われなかったが，ゲージの遺体は研究のため1866年に掘り出された。頭蓋骨の状態から，前頭葉が著しく損傷していたことがわかった。当時主流だった骨相学の説によれば，この損傷によりゲージはヒトがもつ高次の能力を失い，より動物的な本能を制御できなくなると考えられた。俗説では，ゲージは亡くなる前の数年間は人が変わったようだったともいわれている。作者不明の詩に次のものがある。「道徳的な男，フィネアス・ゲージ。賃金（ウェイジ）のために火薬を穴に詰め，最後の棒（プローブ）を二つの前頭葉（フロンタルロープ）に向けて吹き飛ばした。今では酒をくらい，悪態をつき，怒り狂って（インアレイジ）走り出す。」現在では，ゲージの極端な人格変化のようすは，当時の神経学の中心的な理論に合わせて誇張されたと考えられている。むしろ，ゲージの事故は，骨相学の考えが誤りであることを証明した。脳を損傷しても明確な機能を失うとは限らないし，脳には驚くべき回復能力が備わっていることが示されたからである。

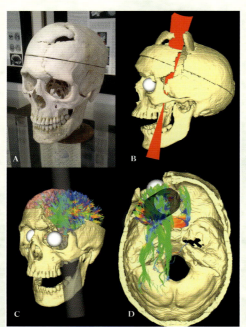

フィネアス・ゲージの頭蓋骨は，ハーバード大学医学部博物館に展示されている。最新の画像から，いかに重い怪我であったかがうかがえる。

人生を変えた鉄の棒を披露するフィネアス・ゲージ。肉体的な後遺症は，左目を失明しただけだったが，性格が著しく変化したかどうかについてはさまざまな報告がある。

34 耳の神経学

耳の解剖図は，まるで年表のようだ。何世紀もかけて発見された部位の多くには，それらの部位を初めて説明した偉大な解剖学者の名前がつけられている。1850年代，耳の構造は，昆虫から抽出された染料を使って細胞レベルまで調べられた。

耳の外側と内側の肉眼レベルでの解剖図については，西暦元年にケルススが初めて報告している。中耳内にあり耳小骨と呼ばれる小さな骨は，16世紀にヴェサリウスが明確に説明した。耳の構造で私たちが使っている名称の多くは，ガブリエレ・ファロッピオに由来する。ファロッピオはヴェサリウスの教え子で，卵巣と子宮における功績でよく知られている。内耳の奥深くにあって，カタツムリに似た渦巻貝状の形をしている蝸牛（かぎゅう）（cochlea）はファロッピオが作った用語である。同時代のバルトロメオ・エウスタキオは，エウスタキオ管という，内耳と咽頭（いんとう）をつなぐ耳管に名を残している。

こういった発見によって聴覚に関するいくつかの理論が生まれたのだが，いずれも音波が蝸牛に達するところまでは追跡しても，その先は想像に頼るしかなかった。1851年，アルフォンソ・コルチはカルミンと呼ばれる赤い色素（コチニール色素）を使った細胞染色法を考案した。南米に生息するコチニールカイガラムシという昆虫から得られたものだった。この染色液を使うと，蝸牛内の細胞をはっきりと観察することができた。コルチは蝸牛のなかに髪の毛のような構造が並んでいるのを観察した。これらの「有毛細胞」は神経の末端にあり，ここで音を脳の信号に変換する。しかし，そのメカニズムが解明されるには，さらに80年の年月を要するのだった。

変換器

耳は，波のエネルギーを別のエネルギー形式に変えるための装置，いわば天然の変換器である。音は空気中における圧力波の一種で，音の高さはその波長に関係する。耳はこの圧力波を機械的な振動，そしてリンパ液の波動へと変換する。最終的には，電気的信号となって脳に送られる。

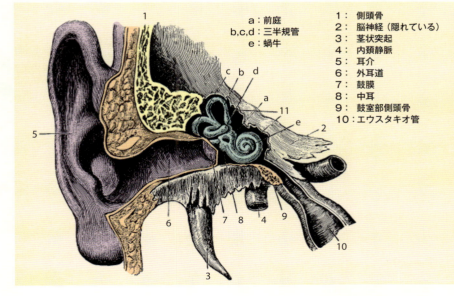

a：前庭
b,c,d：三半規管
e：蝸牛

1：側頭骨
2：脳神経（隠れている）
3：茎状突起
4：内頚静脈
5：耳介
6：外耳道
7：鼓膜
8：中耳
9：鼓室部側頭骨
10：エウスタキオ管

耳の構造

耳は，外耳，中耳，内耳の三つの部位からなる。外耳は耳介（外側に突き出ている皿のような形のもの）から始まり，集められた音波は外耳道へと導かれる。音波はそのまま鼓膜（こまく）（皮膚膜）に達し，空気の波は機械的振動に変えられる。これで音の情報は中耳まで到達する。振動は，この図には描かれていない三つの小さな骨によって複雑な構造をした内耳に伝わると，そのなかを満たしている液体にさざ波を起こす。内耳のなかでも，とりわけ特徴的なパーツは貝殻のような形をした蝸牛だが，ここに並んでいる小さな毛が，そのさざ波に合わせて揺れることによって，電気的な神経信号が作られて脳へと送られる。

19世紀初頭に描かれた耳の図は，耳の構造の多くを明らかにしている。

35 嗅　覚

匂いを感じることを生物学用語では嗅覚という。すべての動物が鼻で匂いをかぐわけではないが，鼻とヒトの脳の関係は，古代ギリシア時代からずっと研究されてきた。研究者らがその関係を突き止めたのは1856年のことだった。

ヘニングの匂いのプリズム

匂いを分類するために，これまで数多くの試みが行われてきた。もっとも成功したものに，1916年にハンス・ヘニングが系統立てたヘニングの匂いのプリズムがある。すべての匂いを六面体のプリズム表面上の位置で表すことができる。匂いを表現するには役に立つが，それにしても限界がある。近年の研究によると，人間の鼻は1兆もの異なる匂いをかぎ分けることができることが示されている。

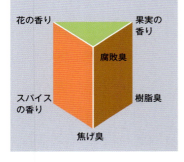

古代ギリシア時代，匂いの感覚は煙や空気が鼻から脳へと吸い込まれることによって生まれると考えられていた。ガレノスの説明によれば，匂いは多孔質の骨に染み込んで脳室に運ばれるのだった。

アンドレアス・ヴェサリウスはこの考えに異議を唱え，嗅索と嗅球を詳細に説明した。嗅球は脳の底面にある神経組織の塊で，篩骨上面に位置する。嗅索は，嗅球から脳に続く軸索の束である。

受容体はどこにある？

嗅索を切断すると，嗅覚が失われるということを示したのはモーリッツ・シッフだった。彼は，生まれたばかりでまだ目の見えない子イヌ5匹のうち，嗅索のない4匹は母親の乳首を見つけることができないということを示した。それでも，鼻の受容体がどこにあるのかは依然として謎に包まれていた。しかし，またしてもコルチ染色によって，鼻腔の細胞構造の詳細が明らかにされた。マックス・シュルツやコンラッド・エックハルトといった研究者らは，1856年から，鼻のなかにあるさまざまな種類の受容細胞から篩骨を通って嗅球に達する軸索のネットワークを明らかにしていった。各受容細胞には細い毛のような繊毛が10本ほどあり，吸気に含まれる化学物質を感知する役割をしている。化学物質はすばやく取り込まれ，その信号は受容細胞の神経受容体から嗅索へと送られると，匂いをつかさどる脳の嗅覚皮質へと伝えられる。のちの研究によって，これは側頭葉のなかにあることがわかり，ほかの感覚器とは違って，鼻（や舌）からの情報は脳における情報の中心地である視床を通らないことが示された。

鼻のはたらき

鼻は，空気中を漂う化学物質を感じ取る皮膚の一部，すなわち皮膚の感覚器である。この場合の皮膚とは鼻腔（p）のことであるが，ここは湿り気を帯び，きれいに保たれ，鼻孔から吸い込まれる空気と接触する。空気は鼻腔を通る際，その天蓋部分にある嗅覚受容体の区画を通り抜ける。親指の爪ほどの広さのところに1,000種類以上の受容体があり，受容体はそれぞれ複数の匂いを感知することができる。

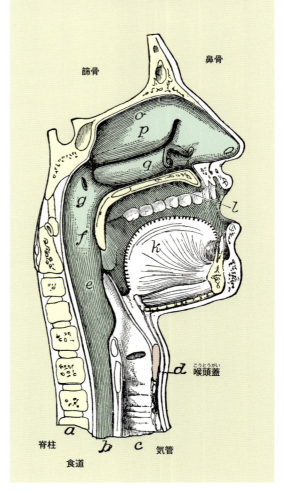

36 グリア細胞

神経細胞の発見は，脳を理解するうえで革命を起こすことになる。
1858年，新しい種類の脳細胞が発見された。グリア細胞（または神経膠細胞）と呼ばれる細胞は，神経細胞を支えるはたらきをすると考えられていたが，その役割は近年さらなる広がりを見せている。

ドイツのルドルフ・ウィルヒョウは，初めてグリア細胞を説明するときに「細胞膠 (nervenkitt)」と表現した。これは「神経と神経のあいだを埋めるセメントのようなもの」という意味であり，その後150年にわたり，これがグリア細胞の役割であると考えられていた。

1830年代，細胞生物学の創始者テオドール・シュワンは，新たに発見された神経細胞の研究を通して，細胞の一般的な特徴について考えるようになった。どの動物をとってみても，神経細胞の見た目は同じだった。その特徴の一つに，軸索を取り囲む小さな細胞がある。この小さな細胞は，現在シュワン細胞として知られているものであり，ミエリン鞘と呼ばれる脂質の層で軸索を包み，神経信号の伝達を助けている。今日，シュワン細胞は数あるグリア細胞の一種であるとされている。グリアには「膠」という意味があり，グリア細胞が神経細胞同士を結合させているという考えからこの名がつけられた。

星形の細胞

グリア細胞は，ルドルフ・ウィルヒョウが1858年に発刊した『細胞病理学』によって初めて特定された。グリア細胞の多くは星形をしており，もっとも突起が多いタイプは，その形状からアストロサイト（星状膠細胞）として知られている。もっとも一般的なタイプはオリゴデンドロサイト（希突起膠細胞）で，突起の数はアストロサイトよりも少ない。これらは軸索や神経細胞のいろいろな部分とつながりをもち，細胞周辺の化学的バランスを保ったり，神経細胞が活動しているときに血流をよくしたりする。それよりやや小さいミクログリアは，脳の免疫系として機能する。グリア細胞は，電気を作らない代わりに化学物質でコミュニケーションをとる。近年の研究者は，化学的なグリア細胞ネットワークと電気的な神経細胞網とのかかわりについて調べている。

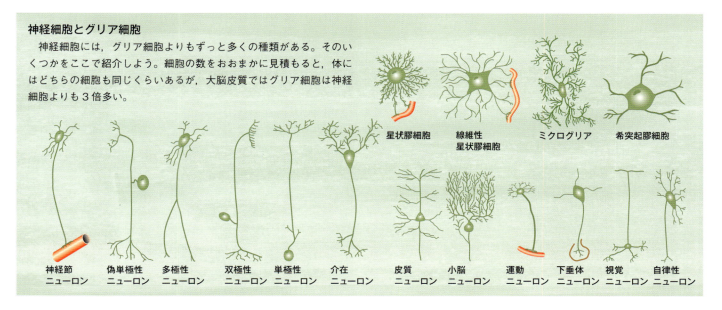

神経細胞とグリア細胞
神経細胞には，グリア細胞よりもずっと多くの種類がある。そのいくつかをここで紹介しよう。細胞の数をおおまかに見積もると，体にはどちらの細胞も同じくらいあるが，大脳皮質ではグリア細胞は神経細胞よりも3倍多い。

星状膠細胞　線維性星状膠細胞　ミクログリア　希突起膠細胞

神経節ニューロン　偽単極性ニューロン　多極性ニューロン　双極性ニューロン　単極性ニューロン　介在ニューロン　皮質ニューロン　小脳ニューロン　運動ニューロン　下垂体ニューロン　視覚ニューロン　自律性ニューロン

37 言語中枢

脳の部位に自分の名前がつけられた人はほんの一握りであるが，フランスのポール・ブローカはその栄誉を与えられた。1861年，ブローカは，体の機能は脳の決まった領域によってコントロールされているということを示す，これまででもっとも有力な証拠を発見した。

ブローカの発見が何より感動的なのは，それが呼吸や運動といった原始的な機能だけでなく，もっとも人間らしい「言語」の能力に関係するからだ。

フランツ・ガルなどの骨相学者らは，流暢に話す能力は，脳の前方，目の上あたりに位置する器官によって支配されていると提唱した。この理論を支持する者たちは，この領域を損傷した兵士たちが，話す能力を失うケースがあることを自慢げに話した。（ただし，損傷していても話ができる兵士のことを取り上げないこともたびたびあった。）いずれにしても，脳の機能を解明するために頭蓋骨の形を測定する習慣を止める動きは，神経科学者たちのなかで大きくなっていった。その代わり，神経症状を呈して亡くなったばかりの人の脳解剖を行う習慣が主流になった。脳の異常を見ることで，脳のどの部位が何をしているのかが明らかになることが期待された。

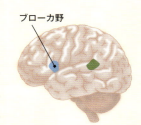

ポール・ブローカは，医学と並行して政治活動をしたり人類学に対する関心を追究したりした。

ブローカ野

ルボルニュ氏

1861年，ブローカがパリの医学校ではたらいていたときのことだった。たいそう体の不自由な患者が彼の外科病棟に運ばれてきた。その男性はルボルニュ氏といい，21年間，いろいろな病院を転々としていた。彼はその時点で右半身に麻痺があり，てんかん発作に苦しんでいた。話せる言葉はただ「タン」だけだった。彼はブローカが初めて診察を行ってから6日後に亡くなった。誰にも，手の施しようがなかった。ルボルニュ氏の脳を解剖すると，左前頭葉に著しい損傷があることがわかった。

数カ月後，ある脳卒中患者が外科病棟を訪れた。名前はルロンといい，話せる言葉は「はい」「いいえ」「3」「いつも」それから，何とかいえる自分の名前「ルロ」の五つだけだった。死後解剖すると，ルボルニュ氏と同じ脳の領域が損傷していた。この領域は，現在ブローカ野と呼ばれている。ブローカは，たとえ舌や口などの筋肉を完璧に動かすことができても，この領域に損傷を負えば，正しく，流暢に話すことができないことを示した。

失語症

言語喪失（または失語症）は，脳機能障害のもっともわかりやすい症状の一つである。心臓発作や脳損傷の後に発症することが多く，ブローカ野に限らず脳の左側への損傷とのかかわりが大きい。この領域に障害を有すると，話がたどたどしくなる非能弁的失語症になる。失語症患者には，ほかに，話すことはできるが何といったらよいのか考えることができない人もいる。言語療法によって治療できる場合もある。

38 味 蕾

感覚器としてはより優れていても，ヒトの嗅覚はその仲間である味覚ほど重要ではない。私たちは，嗅覚が衰えたときより，味覚が衰えたときのほうがはるかに寂しさを感じるからだ。1867年，顕微鏡による研究により，舌の上に味蕾（当初は味覚芽 taste bulb，味覚杯 taste cup，あるいは味覚毛 taste hairlet とも呼ばれていた）の存在を認めた。

「獣は，より正確に味を区別する能力に長けている」
アルブレヒト・フォン・ハラー

やゝグロテスクではあるが，このイラストは，舌の質感の違いを表したものである。舌のつけ根のあたりには，大きな有郭乳頭があり，葉状乳頭は舌の両サイドに多く存在する。糸状乳頭と，それより数の少ない茸状乳頭が舌の表面のほとんどを占めている。

霊長類の多くがそうあるように，ヒトは匂いに頼って生きてはいない。匂いを嗅ぎ回ることもしない。嗅覚のもっとも重要な役割は味覚を引き出すことである。実際，私たちが「味わっている」ものの多くは，本当のところ，食べ物を噛んだとき喉に生じる匂いを嗅いだものなのだ。ちなみに，視覚も同じく味覚に関与している。目隠しをして，鼻をつまんで味をみてみよう。何を食べても同じ味がするはずだ。

味 覚

古代では，味の粒が舌に染み込み脳室に運ばれると考えられていた。イブン・スィーナーは，唾液と混ざった物質だけが脳室までたどりつけると唱えた。18世紀には，舌が感知できる化学的な味は甘味，塩味，苦味，酸味の4種類であると考えられるようになり，その後うま味が追加されたほか，さらなる味の研究が行われている。舌をよく観察すると，表面に舌乳頭と呼ばれる突起がある。舌乳頭突起にはマッシュルームの形をした茸状乳頭，細かい毛が生えているようにみえる糸状乳頭，葉のような形の葉状乳頭，大きくてドーム型に盛り上がっている有郭乳頭の4種類がある。1867年，味覚の受容細胞が舌乳頭のなかにあることが特定された。味覚の受容細胞は球根のような形をした「味蕾」のなかにあり，舌乳頭の種類によっては数十個から2,500個の味蕾が存在している。ヒトの舌乳頭には1個あたり平均して250個の味蕾が存在する。有郭乳頭にもっとも多く，葉状乳頭にはもっとも少ない。糸状乳頭だけは味蕾がない。味覚の受容体は嗅覚受容体と似ているところがある。信号は三つの脳神経によって，嗅覚野の下にある側頭葉の味覚野に伝達される。

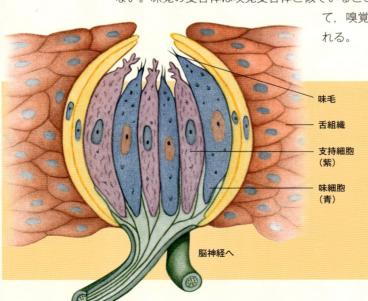

- 味毛
- 舌組織
- 支持細胞（紫）
- 味細胞（青）
- 脳神経へ

味覚受容体

味蕾は舌の上や軟口蓋，頬，喉に分布している。これら味細胞は，舌の組織の表面に埋め込まれていて，味毛と呼ばれる細い毛のようなものが突き出ている。食べ物に含まれる化学物質が味毛に結合すると，信号が神経に伝えられる。舌にある味蕾の場所によって，感じる味が違うとよくいわれるが，これは誤りである。舌のどの領域でも，すべての味を感じることができる。

39 神経科学と人種差別

人種差別は根深い問題となっているが，そもそもの始まりは，人類を人種ごとに分類してみようという初期の試みによる。分類する際の主な特徴の一つが，脳の大きさを測定することだった。

ヨーロッパの科学者が人類学と呼ばれる新しい研究分野で人間の研究を始めたとき，彼らの発見したことが，当時の無知や偏見によってゆがめられたのは驚くに当たらない。これは，どんな科学的仮説にも当てはまることなのだ。しかし衝撃的なのは，そういった根拠のない考えや何度も誤りを指摘された内容が，現代のイメージになおもへばりつき，いまだに人種差別的思考を助長するために引用されていることである。

科学と人種差別の出合いは，生物の分類方法を体系化したことで有名なカール・リンネによってもたらされた。リンネはどちらかというと感じの悪い男だという人もいたが，18世紀，彼のような考え方は決して例外的ではなかった。リンネは人類をホモ・サピエンスとして分類し，それをさらに赤いアメリカ人，蒼いアジア人，白いヨーロッパ人，黒いアフリカ人の四つの人種に分類した。ほかの生物と同様に，人類を外見に基づいて分類したのである。（ただし，現在の生物学者はこれとは少し異なる方法で人類を分類している。）たとえばヨーロッパ人は洋服を着ているがアフリカ人は着ていない，ヨーロッパ人は教養があり品行方正で規律正しいがアフリカ人はこのような特徴をもっていない，というように。18世紀のヨーロッパでは，だれもが同意しただろう。

1868年に描かれたノットとグリッドンのイラストは，理想的な特徴をもつルネサンスの彫刻を類人猿の特徴と比較している。彼らの研究は明らかに人種差別的で，白人至上主義を主張するうわべだけの疑似科学を，その後長きにわたり人々のイメージに植えつけた。

頭囲の測定

当時，ヨーロッパにはアフリカ人がほとんどいなかったが，ごく少数のアフリカ人の頭蓋骨を測定したデータから，大陸に住むすべてのアフリカ人の特徴が推し量られた。サミュエル・フォン・ゼーメリングは，あるアフリカ人の少年と20歳の男性の脳を測定し，彼らの頭蓋骨は，比較対象となるヨーロッパ人の頭蓋骨よりも小さく，形態的にオランウータンと似ていると主張した。だが，これに反論する研究者も多くいた。1836年，フリードリヒ・ティーデマンは，頭位を測定された人たちは満足に食べ物を食べられないような社会的弱者であることが多く，彼らの特徴が平均的であると考えるべきではないと指摘した。また，神経学者ポール・ブローカは，

米国では，人種間の平等に関する討論において，脳の構造を歪曲したり茶化したりすることがたびたびあった。

その測定結果をより確固とした科学基盤にしようと試みた。彼は，脳の大きさは教育のレベルに比例すると考え，ヨーロッパ人がもっとも大きい脳をもっていると予測していた。

政治的討論

北米の神経科学者らの研究では，北米大陸には，少なくとも三つの明確な人種が数多く住んでいたと考えられた。フィラデルフィアにある自然科学博物館の館長サミュエル・ジョージ・モートンは，世界でも有数の頭蓋骨コレクションを所有していた。モートンは，各大陸の人種は，ノアの箱船が造られる以前に，各地で独立して発生したとする多元発生説を信じていた。

1868年，ジョサイヤ・ノットとジョージ・グリッドンは，白人は黒人よりも優れているのだから，白人が黒人を支配するのは自然だとする考えをさらに強化するような研究を示した。彼らはアフリカ人の頭蓋骨の構造と顔のイメージを著しくゆがめ，ヨーロッパ人よりも類人猿に近く見えるようなイラストを描いた。これらの研究者はみな都合のよいデータだけを拾い上げて，ヨーロッパ人の頭蓋骨（と脳）のほうが大きい—ゆえにヨーロッパ人のほうが知的である—と，間違った主張をした。脳の大きさと知能の関係については今にいたるまで証明されていない。

> **ダウン症**
>
> 1866年，英国の医師ジョン・ラングドン・ダウンは，現在ダウン症として知られている染色体異常を初めて報告した。この病気には多くの身体的，神経的特徴がある。ダウンは，そういった病気の特徴をある民族の特徴と重ね合わせ，この疾患を患っている人に特徴的な目の形がモンゴリアンに似ているとして，この病気をモンゴリズムと呼んだのだった。この侮蔑的な用語は，一部の地域で今なお使われている。

1830年代の版画。世界の人類の異なる特徴をカタログにまとめようとした版画。中心に西ヨーロッパ人をすえている。

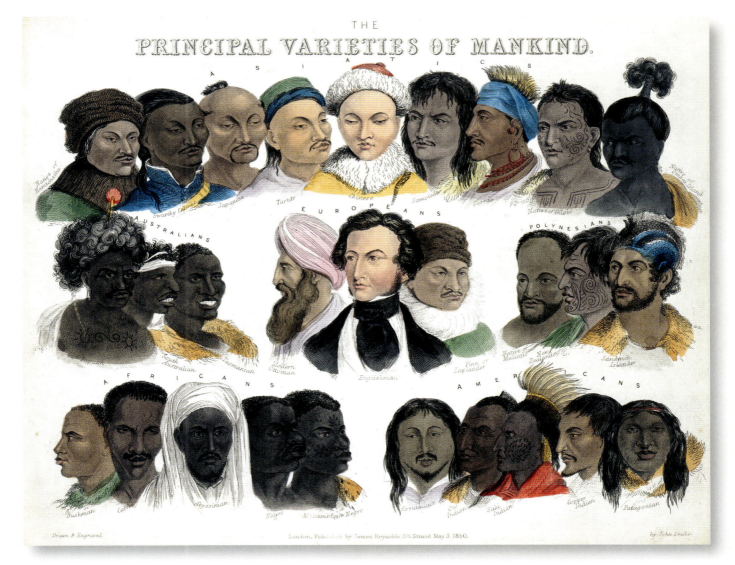

40 電気刺激

ガルヴァーニが運動と電気の関係を発見して以来，人々は電気を治療に利用する方法を探していた。しかし，開発された技術は，もっぱら研究に使われた。

19世紀のあいだ，神経科学者たちはおおむね病巣（意図的に切り取った組織）を利用して神経系の機能を調べていた。この技法は，どの神経が体のどの部位に関係しているのかを示すには適していたが，脳そのもののはたらきを明らかにすることはできなかった。むしろ，脳を切り取ってもたいしたことは何もわからないように思えた。そして科学者たちは，脳は複雑な統一体組織としてはたらき，骨相学が予言していたように役割を分担してなどいないのではないか，という考えに傾倒していった。

1870年，エドワルド・ヒッツィヒとグスタフ・フリッシュというベルリン出身の研究者二人が，電気を用いた先駆的で新しい方法についての詳細を発表した。電流をイヌの前頭葉に流したのだ。彼らはヒッツィヒの寝室を実験室に使い，頭蓋骨のしかるべき位置に電流を流すことによってそのイヌに特定の動きを誘発できることを発見した。これは，運動が前頭葉によってコントロールされている，あるいは少なくとも影響されている証拠であり，運動は小脳と脊髄によって完全にコントロールされているとする古い考えを覆した。

19世紀の「温泉療法」は，現在の温泉療法ほどくつろげるものではなかった。まるで初期の電気椅子を彷彿させるが，これは一般的な痛みの治療に電気を使おうと試みているところである。

1862年に撮影された写真。フランスの神経学者デュシェンヌ・ド・ブローニュが，微弱な電気で表情を変えられることを実演している。デュシェンヌの研究は，脳そのものではなく筋肉と神経に電気を流すことに焦点をおいていた。

41 気分障害

1870年は脳の研究とその影響にとって重要な年だった。脳の機能についての解剖学的研究が継続されるなかで、英国の医師が心の病気という新しい研究分野を切り開いたのだ。ヘンリー・モーズリーは、心の病気は感情を通して発現される脳の病気であると提唱した。

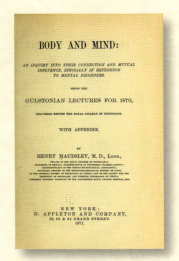

『身体と精神：その関係および相互作用に関する調査』は、モーズリーにとってもっとも重要な精神医学的理論を述べた本である。

医学校に通っていたときのヘンリー・モーズリーの夢は、外科医になることだった。しかし、キャリアを積むのに時間がかかることに我慢できず、インドにある英国植民地当局に期限つきではたらきに出ることを選んだ。この任務の条件として、ルナティクスと呼ばれていた精神疾患患者のための病院で、半年間はたらかなくてはならなかった。「ルナティクス」とは、身体的な問題はないように見えるのに精神的に衰弱する病気に苦しんでいる人を示す用語だった。ルナとはローマ神話に登場する月の女神であり、精神疾患の患者は月によって影響を受けるという古代からの信仰に由来している。モーズリーはこの仕事に興味を抱き、精神医学の道に進むことを決めた。

ロンドンの王立ベスレム病院ができて6世紀近くも経っているというのに、1800年代中頃の精神医学はほぼ手つかずの分野だった。モーズリーの時代には、通り名が正式名称となって、ベドラム病院と改名されていた。「ベドラム」は「騒がしい混乱」という意味で、施設内の状態を表現した言葉だった。

「精神異常は、精神症状が主として現れる神経症であるが、ほかの神経症と完全に区別されたことによって、残念ながら発展を妨げられてきた」
ヘンリー・モーズリー

心と体

ヘンリー・モーズリーは、ベドラム病院ではたらくことを望んだが、そこでは職を得られなかった。だが、幸運にもジョン・コノリーの娘アンと結婚することができた。ジョン・コノリーといえば、当時、ロンドンの卓越した精神科医であった。結婚によって義父の私立精神病院を手に入れ、モーズリーは自身の理論を試す場として利用できた。1870年、彼はその結果を『身体と精神』と題して王立内科医協会の講義で発表する算段を整えた。このなかで、モーズリーは、多くの精神疾患は患者の情動性症状に従って分類できると提唱した。彼はこれを「感情障害」と呼んだが、今では一般的に「気分障害」と呼ばれている。

モーズリーは、気分障害にはうつ病、躁病、心配症を生じる三つのタイプがあると特定した。モーズリーの功績は、患者が自身の症状を説明する際に、体の不調を訴えるだけでなく、感情的な用語や抽象的な概念をいかに使うのかを医学的に理解する方法を体系化したことにある。彼の時代以降、気分障害は多くの方法で位置づけられてきたが、気分障害の原因はいまだ正確には理解されていない。現代では、脳内の化学的活性が変化することによるものと理解されているが、それが気分障害の主な原因なのか、あるいは単に別の病気なのかは大きな疑問となっている。急進的な理論のなかには、極端な気分の変動は、進化的適応であるとするものもあった。これについては、モーズリーの友人チャールズ・ダーウィンがのちに記すこととなる。

42 神経網

　現代の神経科学は，脳は多数の神経細胞から構成されていると唱える「ニューロン説」のうえに成り立っている。だが19世紀においては，いくら神経細胞が次々と発見されてもそのはたらきについては謎に包まれたままで，神経細胞が膨大な血管網を形成しているのではないかというのが有力な説だった。

　神経細胞が発見されてから数十年経つと，顕微鏡の性能の限界により，そのはたらきの解明は行き詰まりを見せた。それぞれの神経細胞に，長く入り組んだ枝状のものがあるのははっきりと見ることができた。しかし，一つの神経細胞がどこで始まりどこで終わるのかを観察するのは難しかった。そこで生まれたのが網状説だった。実際のところ，神経細胞は相互に切れ目なくつながっている巨大な統一体ではないだろうか，というのだ。この疑問に対する答えに関して，多くの議論がなされた。網状説の支持者たちは，この説をもって，脳は局在的な単位に分けられない，ということを示せるだろうと期待した。脳はむしろ総体的な器官であり，古くからいわれていた「動物精気」のような何かが神経伝達システムを通って流れ，全体として同時にはたらいているのだと唱えた。

つながりを探して

　一方，ニューロン説を支持する者たちは，どの神経網もたくさんの細胞がそれぞれ結びついて作られているのであり，統一体ではあり得ないと主張した。研究者たちは，ニューロン説を証明するべく，細胞と細胞が連絡する接続部を発見することに打ち込んだ。必要なのは各細胞の構造を最大限，鮮明に見る方法であり，そのような技術は間もなく開発されたのだった。

ニューロン説では，脳は神経細胞が巨大なネットワークを形成していると説いた。問題は，細胞同士がどのように連絡しているのかということだった。

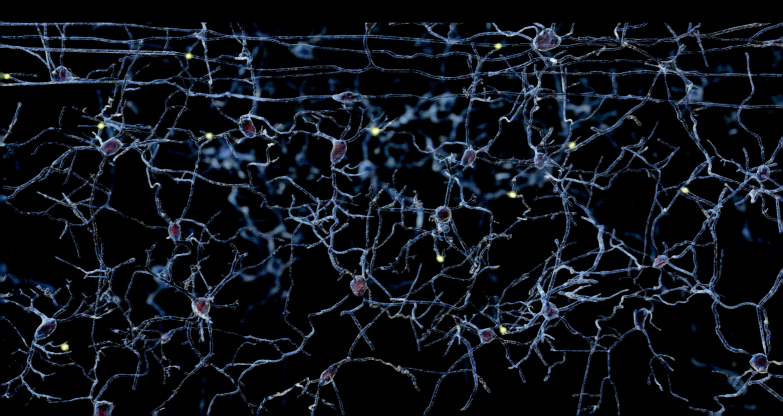

43 感覚中枢と運動中枢

脳への電気刺激により，運動にかかわる領域はすでに特定されていたが，さらなる実験によって，それが随意運動をつかさどる運動皮質であることが確定された。次なる疑問は，この領域が，どのように触覚と運動のはたらきに関与しているのかということだった。

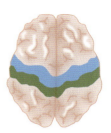

運動皮質（水色）と体性感覚皮質（緑）を横から見た図と，両方の脳半球を上から見た図。運動中枢は前頭葉にあり，感覚中枢は側頭葉にある。

ドイツ人のエドワルド・ヒッツィヒとグスタフ・フリッシュが寝室で行ったイヌの電気刺激実験の研究は，広く世に知られるようになった。そして，スコットランドの研究者デーヴィット・フェリアーは，彼らが発見したのは，少なくとも随意筋と呼ばれる筋肉の運動をつかさどる脳の領域であることを追認した。これが運動中枢である（左記参照）。フェリアーは，類人猿の代わりにサルを使ってヒッツィヒとフリッシュの電気刺激の研究をさらに進めた。そして，歩く，物をつかむ，といった特定の動きをコントロールする領域を区別することにも成功した。

だが，運動皮質の位置を証明するのにはまだ不十分だということを，フェリアーはわかっていた。なぜなら，頭頂葉と側頭葉には，刺激すると似たような動きを誘発する部位が複数あったからだ。そこでフェリアーは，それらの部位を破壊したサルの動きにどのような影響が出るかを調べることにした。そして数年に及ぶ実験の結果，運動皮質は前頭葉の中心前回にあることを突きとめたのだった。左側の運動皮質は体の右側を，右側の運動皮質は体の左側をコントロールしていた。

知 覚

次いで，感覚受容における運動皮質の役割について意見が割れた。ある者は，運動皮質を切除すると筋肉が動かなくなるのは，その脳部位で何も感じられなくなるからだと唱えた。この主張は，半分だけ正しかった。運動皮質を損傷すると，皮膚に対する強い圧力はほとんど感じられなくなるが，軽く触れる感覚まではなくならないからだ。また，それほど機敏ではないが，反射は依然として認められた。その後70年にわたり研究が行われて，脳の運動皮質のちょうど後方に体性感覚皮質が存在することが明らかになった。しかし，当面は，さまざまな感触を脳がいかに知覚しているのか，そして脳がそれ自体をどのように「感じているのか」は謎に包まれたままだった。

デーヴィット・フェリアー

フェリアーの研究は，運動皮質に関する初めての決定的確証となり，触覚の理解を深める道を開いた。フェリアーは，直流の「ガルヴァーニ電流」ではなく，より影響力の強い交流の「感応電流」を使った。何より大きな成功は，1886年，世界で有数の神経科学者たちの前で，片麻痺のサルを披露し，その状態はサルの運動皮質を切除した結果であることを示したときだった。

反 射

すべての筋肉運動がかならずしも運動皮質によってコントロールされているわけではない。脳を介さず自動的に行われているような運動も多く，このような不随意運動を「反射」という。反射をコントロールしているのは簡単な神経回路で，触覚など感覚の受容体からの刺激は，脊髄に入ると運動神経を通ってすぐに筋肉へ戻る。運動皮質は，反射運動を完全に把握して，その動きを止めることができる。

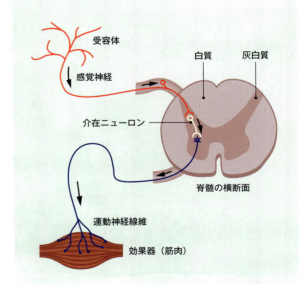

44 幻肢

戦争は，神経科学に研究の機会をもたらす。ひどい怪我をした負傷者が出て，その結果として脳のはたらきを考察する機会が増えるからである。大勢の命が失われた南北戦争では，幻肢という現象を訴える患者が続出した。

両腕を切断したペンシルベニア第53歩兵連隊のウィリアムE中隊下士官。制服姿で。

幻肢に関する最古の記録は1551年，アンブロワーズ・パレによって残されている。フランスで床屋と外科医をしていたパレは，切断術と人工装具の草分け的存在だった。また，消毒薬を使用した先駆者でもあったが，ほとんどの外科医はその後300年以上ものあいだ，消毒薬を認めようとしなかった。

幻肢とは，故意か偶然かによらず，手や足を切断した後もそれがあるかのような感覚を覚える現象である。失った四肢があったところに痛みが生じることもある。この現象は，さまざまな研究分野で取り上げられている。たとえば，運動感覚は四肢の位置や状態に関する情報を筋肉から受け取ることであるが，この感覚は運動皮質に関連している。なぜなら，この領域に傷を負うと，麻痺した四肢の深部の感覚が鈍るからだ。同じ領域に傷を負っても，皮膚感覚は影響を受けない。皮膚感覚は，熱や軽い接触など，より繊細な肌への刺激を拾う。どちらも痛みと関係していて，刺激が臨界点を超えると痛みが生じる。外科的切断が必要だった四肢負傷の人を用いた研究も，このカテゴリーに入るといえるのではないか。

義足病院

米国の外科医サイラス・ウィアー・ミッチェルは，南北戦争中，フィラデルフィアのサウスストリート病院に配属された。そこはゲティスバーグの戦いで負傷した多くの人々が運ばれた病院だった。ミッチェルを含む外科医たちが，負傷した患者の四肢切断を余儀なくされるケースが多かったことから義足病院と呼ばれた。

ミッチェルは，回復後に幻肢を訴える多くの患者について研究を行い，この超自然的な現象を「幻の感覚」として特徴づけ，失われた四肢はもとあった手足より短いと感じることが多いと記録した。また，実際には存在しない四肢を感じる幻覚は，咳をしたり風にあおられたりといった，ちょっとした刺激によって引き起こされることがあると報告した。患者は，痛みを感じるだけでなく，腕の動きも感じるという。人工装具を装着すると，本物の手足があるという感覚は強くなった。

幻肢は，切断された切り口の神経が，感覚的な情報を脳に送り続けていることによって生じているとも考えられる。しかし，患者たちは幻肢を実際には不可能な方向にねじ曲げることができることが研究によって判明したことから，この感覚は何かしらの方法で，もとあった体の形を持続的に思い描く心的イメージとかかわっていることが示されている。

45 チャールズ・ダーウィンによる感情の研究

ダーウィンは、1859年に『種の起源』を出版して名声を得たあとも、とどまるところを知らなかった。ハトや性淘汰などの研究も行い、私たちがもっとも関心のある感情の機能にも興味をもっていた。

1872年、チャールズ・ダーウィンは『人及び動物の表情について』を出版した。これは、彼自身が唱えた進化の理論について記した3冊目の本だった。2冊目に書いた『人間の由来』と同じく、もっとも有名な1冊目の本のなかで書き切れなかった内容を盛り込んだ。

ダーウィンはヘンリー・モーズリーと親交があった。二人には共通の関心がたくさんあり、感情について議論を繰り広げることもたびたびあった。ダーウィンの主題は、感情は何のためにあるのか、なぜ人間には感情があるのか、そして数ある動物のなかでも特に類人猿と人間の感情に見られる特徴にはどのような共通点と相違点があるのか、といった疑問を探求することであった。

表情

ダーウィンは、表情によって感情を伝えるコミュニケーション手段に注目した。これは、私たち人間と、類人猿やほかの動物との共通点の一つである。ダーウィンは、感情表現は基本的な身体の目的から発生したと提唱した。たとえば、歯を見せてうなり声を上げるのは警告。人が怒りや悲しみなどの感情を抱いたときの反応は、ある種の精神的反射であり、あまり考えずともその状況に応じて体が反応するようになっている。はげしい怒りや被害妄想のような好ましくない感情は、神経系が過剰に活性化したせいだとダーウィンは示唆した。

同じ表現でも、類人猿と人間ではそれが表している感情が異なる場合がある。チンパンジーでは、目を見開いてじっと見るのは威嚇、笑っているのは恐怖を表している。

ダーウィンはさまざまな感情を表現している俳優の写真を用いて論点を解説した。ここに紹介するのは、「尊大」(うち、一つは髪の毛までいばっているようだ)と「諦め」。

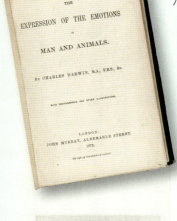

46 眼の構造

強力な顕微鏡の出現を待たずして解明された次なる感覚器は眼であった。18世紀から19世紀にかけて，解剖学における一連の飛躍的な発見がなされたのだ。ただし，眼のはたらきを解明するには，化学の要素も少しばかり必要とされた。

哺乳類の眼の解剖学のほとんどは，顕微鏡が出現する以前から，主にガレノスの功績により知られていた。ガレノスはローマの医師で，結膜が眼球前面を覆う膜を形成するものであることを説明していた。その内側には角膜があり，色のついた虹彩と瞳孔がある。何かしらの理由で，誰かの虹彩と瞳孔をまじまじと見た経験は誰にでもあるだろう。その奥には眼球本体への入り口となる水晶体があり，眼球は硝子体液と呼ばれる透明なゼリー状の物質で満たされている。眼球を覆う白い膜は強膜といい，ヒトの強膜は非常に見えやすい。私たちの眼がより表現力豊かであるのは，このためであると考えられている。次の層には脈絡膜があり，網膜の基盤を形成している。そして，魚獲り網のような網膜は，光に敏感な部分である。ガレノスと同僚たちが理解したのはここまでで，これ以外にはその外観を説明するくらいのことしかできなかった。（網膜を意味する英語 retina には「網のような」という意味がある。）

その後イブン・アル゠ハイサムが，眼は暗箱のような仕組みになっていることを示した。瞳孔が光を取り入れる「暗い部屋」は眼球にあたる。透明な水晶体は，奥の壁，つまり網膜で光の焦点を結ぶというわけだ。1668年には，視神経が網膜を突き抜けるところに盲点があることをエドム・マリオットが発見した。さらなる研究により，それぞれの眼から来る視覚的情報が視交叉で分岐している可能性が示された。光がどのように神経に影響を及ぼすのかは，まだ謎だった。

受容体と色素

1791年，サミュエル・トーマス・フォン・ゼーメリングは，網膜の中心にあるわずかなくぼみを盲点と考えていたが，実のところ盲点は中心からずれていた。ゼーメリングが実際に見ていたのは中心窩といって，網膜のもっとも感受性の高い部

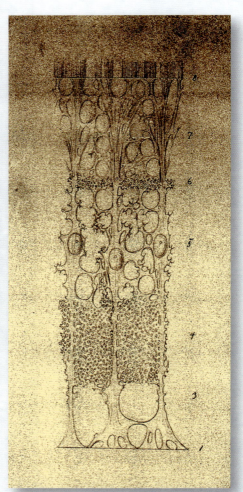

マクシミリアン・シュルツェが1872年に描いた網膜細胞のイラストの一つ。

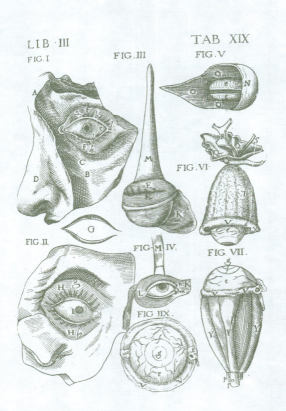

17世紀の解剖学。ギャスパール・ボアンによって1605年に描かれたヒトの眼，眼窩，および筋肉組織の構造。

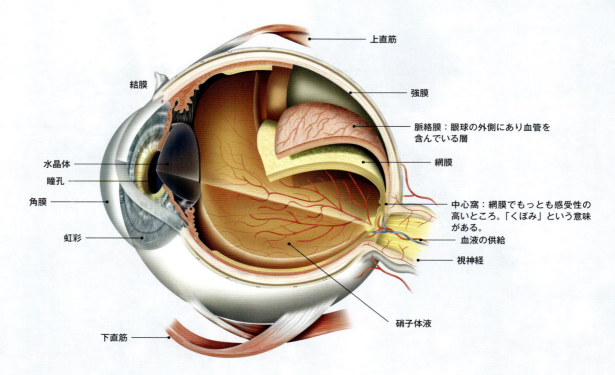

ヒトの眼の構造を表した近代のイラスト。

　分だった。顕微鏡による網膜の観察が始まって間もなく，ある研究者が棒状あるいは円筒状の構造物を発見し，光を感じとる受容体ではないかと推測した。そして受容体はそれぞれいくつかの網膜細胞を通って視神経と独自のつながりをもっていることが判明した。

　大きな進歩は，1876年，フランツ・ボルによってもたらされた。ボルは，分離した網膜を光にかざすと，赤紫から黄色へと色が抜けることを発見した。この変色色素はそれ以来「ロドプシン（視紅）」と呼ばれるようになった。色素の色が抜けるのは，光の吸収によってエネルギー状態が推移するからであった。中心窩に密に分布する錐体細胞は，三つの色素を含んでおり，それぞれ特定の色の光を吸収するように適応していることがわかった。桿体細胞は，暗いときに明暗を識別するのに使われ，錐体細胞は明るいときに色を判別する。

網　膜

　網膜の構造を詳細に観察してみると，不思議なことに上下逆さまのようだった。光受容体が，ほかの二つの細胞層の下に埋もれているのだ。光は神経節細胞と双極細胞を通り抜けてから光受容体に到達する。双極細胞は複数の桿体細胞もしくは錐体細胞のいずれかにつながっており，それらの細胞の光に対する反応を集める。その信号はその後，視神経につながる神経節細胞に送られる。

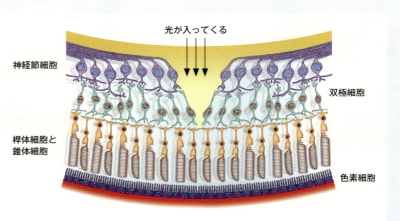

47 黒い反応：ゴルジ染色

研究者たちは，神経細胞構造のなかでも，特に，細胞間の相互結合について十分に理解していなかった。密集した脳細胞の塊のなかから個々の神経細胞を単離する技術を発見して名を馳せようと，多くの科学者たちが競い合った。

ジークムント・フロイトは今でこそ精神分析の祖として有名だが，科学における名声を求めて努力していた頃もあった。フロイトは，医学生のときからすでに脳全般，とりわけ神経細胞に興味を抱いており，甲殻類や特に大きな軸索を有する頭足類を用いた神経系の研究を行っていた。1883年，フロイトは，ウィーンの病院で研修を始めて数カ月のうちに，神経学を専門にすることを決意した。そして，顕微鏡による観察に革命を起こし，神経細胞の本質を明らかにするような新しい染色技術を探し始めた。しかし，彼はすでに10年も遅れていた─誰もそのことに気づいていなかったが。

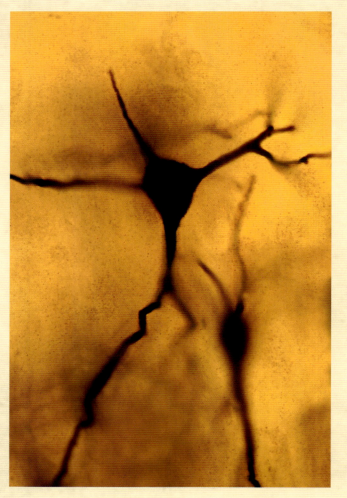

ゴルジ染色法を用いて染色された神経細胞。細胞が枝分かれしているようすが鮮明に見える。

台所から生まれた発明

1872年，カミッロ・ゴルジは，ミラノ近郊にあり，不治の病に苦しむ患者のための病院で研修を始めた。ゴルジは空き時間を利用して，病院の台所に頻繁に足を運んだ。料理するためではなく，新しい染色技術を作るために。一般的な手法では，脳組織の試料をクロム酸で固定するのだが，ゴルジは同じことをクロム酸に似た重クロム酸カリウムで試みた。それから印画紙にも使われている硝酸銀という化学物質を試料に加えた。たまたま運がよかっただけともいえなくもないが，結果はたいへんすばらしいものだった。1873年，ゴルジは自身の発見を発表し，それを「黒い反応」と呼んだ。

理由はまだわからないが，ゴルジの調合液は試料の細胞の約5％しか染めない。ほかの細胞は黄色い背景に対して見えないままだが，染色された細胞は個体として黒く見えるのだ。ゴルジは，小さな内部構造の細胞小器官も観察可能であることを発見した。有名な細胞小器官の一つには，彼の名を冠してゴルジ体と命名された。ゴルジはこの染色法によって，いつの日か神経細胞の結合方法が解明されることを願った。しかし，それにはさらに25年の年月を要し，また，ゴルジが提唱していた網状説を否定する結果となるのだった。

「盲人にさえ大脳皮質の細胞のすきまを示すことができるような新しい反応を発見できて嬉しく思う」
カミッロ・ゴルジ

48 志向性

1874年になる頃には，物質的世界も精神的世界も詳細にわたり説明されてきた。しかし，どちらもまだ物質から作られていると考えられていた。両者を哲学的に区別すれば，意識について理解を深める助けになると思われた。

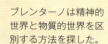

ブレンターノは精神的世界と物質的世界を区別する方法を探した。

物質的実体には重量と形がある一方で，精神的実体には重量もなければ形もない。しかし，特に説明がなければ，両者は同じ「物」からできていると考えるのが普通だった。ドイツの哲学者フランツ・ブレンターノは，このような考えを払拭し，これらの世界は「志向性」の有無によって区別できると唱えた。精神的世界には志向性がある（つまり，そこにはかならず何かに向けられた意識がある）一方，物質的世界には志向性がない（物はあくまで物でしかない）という。私たちが手にする紙束や，板やインクやのりには志向性がない。しかし，私たちが文字を読むとき，頭のなかにある意識は志向性をもつことになる。ブレンターノにとっては，本能的で「思慮のない」痛みのようなものでさえも，体に怪我をしたことを警告するという志向性がある。

「無意識を意識することは，目に見えない小箱を見るのと同じように矛盾しない」
フランツ・ブレンターノ

49 ミクロトーム

1875年，ミクロトームの発明が，脳解剖学ひいては神経科学の研究に革命を起こした。

ミクロトームと呼ばれる薄い切片を作る器具は，バイエルンの狂王と呼ばれたルートヴィッヒ2世の侍医ベルンハルト・フォン・グッデンによって発明された。この器具は脳を数千もの切片に薄く切ることができたため，今までになく詳細に脳細胞の構造を観察できるようになった。この発明以前，研究者たちは思い思いの方法で研究試料を作っていた。ナイフで組織を削り取る人もいれば，ピンセットで組織をはがす人もいた。だが精密さに欠けていたことから，得られた結果にも大きなばらつきがあり，詳細な分析を再現したり立証したりすることができなかった。

グッデンの発明したミクロトームは，「連続切片」と呼ばれる技術で，これらの問題を即座に解決した。薄い切片を何枚も作ることによって，脳の立体構造を連続した二次元「スナップ写真」に置き換えることを可能にしたのだ。順番に見ることで，脳全体を非常に正確に解釈することができた。また，薄い切片は，顕微鏡を使ううえでも理想的で，神経科学者たちは非常に鮮明な脳細胞の組織を観察することができた。

ベルンハルト・フォン・グッデンがデザインしたミクロトームは，脳を厚さ2,000分の1インチ（約1マイクロメートル）という薄さで脳の切片を作ることができた。

50 脳波検査

1875年，体だけでなく，脳にも電気信号が見られることが発見された。その後60年のうちに，脳のもっとも外側にある大脳皮質の診断および研究ツールとして，脳の電気的活動が利用されるようになった。

ありふれた表現ではあるが，ハンス・ベルガーが1924年に脳波計を発見したのもまた，偶然のひらめきによるものだった。きっかけは，あわや死亡事故という経験である。順を追って説明しよう。1875年，リチャード・カートンという英国の医師が，生きているウサギやサルの露出した脳から，弱い電場を検知できることを発見した。しかし，結果を発表したところで，誰にも注目されなかった。1890年，アドルフ・ベックというポーランド人は，動物の脳内に直接電極を差し込んで電気信号を検知し，与える刺激によって信号を変えられることを発見した。また，長期間記録を取ってみると，信号の変化のしかたに繰り返し現れる波のような形が観察できた—これが初めて観測された脳波である。ほかの研究者たちもこの分野に参入し，1903年には，オランダの科学者ウィレム・アイントホーフェンが，心筋の電気的活動を記録する心電計（ECG）を開発した。そうしてドイツのハンス・ベルガーによって脳波計（EEG）の開発にいたったのである。脳波計は心電計に似ていたが，ベルガーが最初に考えていた用途は現代のそれとはまったく違うものだった。

> 「脳波計では，脳内における継続的な神経プロセスにともなう現象を見ることができる」
> ハンス・ベルガー

心霊研究

ベルガーの子どもの頃の夢は，天文学者になることだった。しかし，大学1年生の1学期に中退して軍隊に入った。ある日，ベルガーは，機動演習中に，もう少しで巨大な大砲の車輪の下敷きになるところを無傷で逃れたことがあった。ベルガーが死にそうな体験をしたそのとき，姉が恐怖の苦しみを感じとり，そのことを電報で知らせてきた。ベルガーの人生は，このまぎれもない姉の「テレパシー」によって変えられた。これをきっかけに，彼は「心的エネルギー」が脳のどこで作られているのかを見つけてみせると決意したのだった。

その結果として生まれたのが，ヒトの脳の活動を記録する最初の機能的脳波計だった。ベルガーはこの器具を「脳の鏡」と呼んだが，その仕組みを彼自身が十分に理解できていなかったせいで，多くの精神科医や神経科学者たちはまともに取り合わなかった。「脳の鏡が示すジグザグのグラフは，その人の性格，すなわち魂の特徴を映し出すユニークな器具である」というふれこみも役に立たなかった。しかしベルガーは研究を続け，彼の発

脳波計の発明者ハンス・ベルガーとアルファ波を示している初期の脳波計。脳波計は，医師がてんかんなどの発作を診断するのにも利用された。発作が起きると，脳波計に現れる脳の活動は非常に大きくなる。

明した器具は徐々に受け入れられていった。今日では，世界のどの病院にも，「脳の鏡」が置いてあるほどだ。

脳波

「脳の鏡」を見ると，その人がいつリラックスしているのかがわかる。目を閉じて休んでいるとき，脳の電場は，1秒間に20回上下に振動する滑らかなパターンを描く。これがアルファ波である。人が活発に考えているときの脳はベータ波を発するが，この波形はもっと不規則でとがっている。長くてゆるやかなデルタ波は睡眠と関連していて，ガンマ波は意識や認識の役割を担っていると考えられている。しかし，医師たちがベルガーの器具の有用性を今一つ見いだせずにいたこの時代，脳内における電気の役割はまだ謎に包まれていた。

51 催眠術

今日，催眠術は娯楽や治療に用いられている。しかし，現代の用途が社会的に認められるまでには，「気の弱い人たちを操る不気味な力」という評判を払拭しなければならなかった。

催眠術とは，被験者が特定の事柄や人に集中するあまり，周囲で起きていることに対して意識が向かないようにする術である。脳が異常な状態になっているのか，被験者が第三者の誘導によって暗示にかけられているだけなのかについては意見の分かれるところである。

1870年代後半，フランスの神経学者ジャン＝マルタン・シャルコーは催眠術とヒステリーとの関係を研究した。（ヒステリーは，当時，特に女性に多く見られるさまざまな情動性の疾患を指して使われた用語だった。）シャルコーは，ヒステリー患者がてんかんのような発作（ヒステリー性麻痺(まひ)）を起こしやすいことから，ヒステリーとてんかんを同類と見なし，似たような傾向があるということは，どちらも催眠術にかかりやすいということであると提唱した。しかしこの考えはすぐに見はなされ，それ以来ヒステリーという用語は医学書から排除された。研究の結果，人々は催眠術を疑うようになり，催眠術は，本人の意志に反したふるまいをさせる方法であると見るようになった。

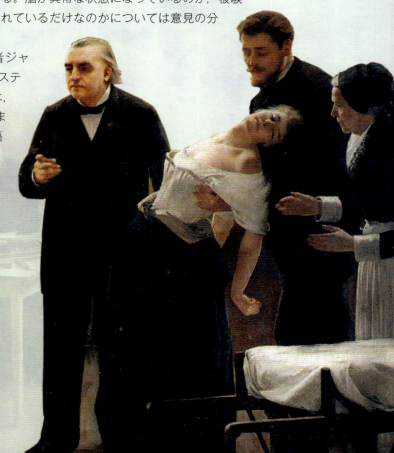

ジャン＝マルタン・シャルコーは，「ヒステリー性麻痺」の患者に対する催眠術をたびたび実演した。医師や一般の人々は，催眠術によって罪を犯すように仕向けられる人がいるのではないかと疑うようになり，犯罪責任と精神疾患に関する議論へとつながった。

52 ナルコレプシー

1880年，短時間の眠りに落ちてしまう異常な状態を説明するために，「ナルコレプシー（睡眠発作）」という新しい用語が考案された。ナルコレプシーには「眠りに襲われる」という意味があり，ほかの発作や昏睡状態と区別された。

一方，「眠らせる」という意味がある「ヒプノシス（催眠状態）」という言葉は催眠術にかけられた人が覚醒と睡眠の狭間にある状態を指す。ナルコレプシーは，催眠状態と似ているようだが，1880年，フランスのエドゥアール・ジェリノーによって明確に定義された。ジェリノーは，1日に200回の睡眠発作に苦しむ36歳の商人をナルコレプシーの被験者とした。発作は眠気から始まり，5分間の睡眠が続く。体は完全にリラックスして動かない。患者は発作中に夢を見ていたと断言するものの，その内容はめったに覚えていなかった。

発作は静かにしているときか高揚しているときに起きることが多く，運動しているときは起こりにくい傾向がある。また，ナルコレプシーは睡眠不足とも症状が似ているが，睡眠不足で誘発される眠気とは違う。ナルコレプシーは家系によるものではないかと考えられ，これが正しいことはすでに立証されている。敵から身を守るために「死んだふり」をしていた遠い祖先の行動のなごりではないか，という説もある。

53 視覚野

18世紀，眼からの情報が視交叉まで送られていることまでは追跡できた。そこから先の神経回路は脳の中心部へつながっていた。はたして脳はこの部分で視覚により感知したものを想起しているのだろうか？　研究は続けられた。

後になって考えてみれば，骨相学とはなかなか滑稽なものであった。どうしたら，頭の形でその人の性格がわかると思えたのだろう？　骨相学の主な提唱者フランツ・ヨーゼフ・ガルは，誰もが予想したように，視覚能力は眼の周りにあると考えていた。今では，視覚をつかさどる主な部位は頭の後方にあることがわかっているが，それは皮肉にもフランツ・ヨーゼフ・ガルによるすばらしい解剖学的研究のおかげでもあった。

左右の視神経は視交叉で交わり，視索は視床の一部である外側膝状体へと続く。ガルと同僚のヨハン・スパルツハイムは，この領域は，ちょうど中脳にある上丘（隆起した部位）同様に，視神経が損傷すると萎縮して小さくなり，消えてしまうことを発見した。これらの部位は視神経の終着点であると考えられ，病変の研究によって視覚機能において不可欠であることがわかった。眼の動きを調節する神経は，中脳にある上丘付近から生じていた。それでも，眼によってとらえられたイメージは，大脳に送られて

「硬膜をそっと押すと，彼は突然目の前に千もの火花が見えた」
ヘルマン・ブールハーフェ

後天的な色盲
通常の色盲は，眼のなかの単数または複数の錐体細胞が機能しないことに起因する。しかし，脳卒中などほかの脳障害によって色覚を失ってしまう場合もある。初期の報告の一つに1882年の症例がある。ある脳梗塞の患者は，眼は完全に見えるのに，色を認識することができなかったのだ。脳の解剖の結果，一次視覚野に近い舌状回に損傷を受けていたことが明らかになった。

いると信じられていた。

後頭部

　視覚が大脳皮質によってコントロールされている証拠を最初に報告したのは，オランダの科学者ヘルマン・ブールハーフェだった。彼は1730年代にパリである物乞いに出会った。男は，かなりうまいことお金を集めていた。なにしろ，数年前に取り除いた彼自身の頭蓋骨のかけらで作ったという皿を使っていたのだ。恵みを施してもらったお礼として，男は露わになった脳を押してもよいという。ブールハーフェが優しく押すと，男は目の前に火花が見えたという。さらに，もう少し強く押すと，その物乞いは目が見えなくなり，やがてぐったりとして意識を失ってしまったというのだ。ブールハーフェは，しばらくその男が回復するのを待っ

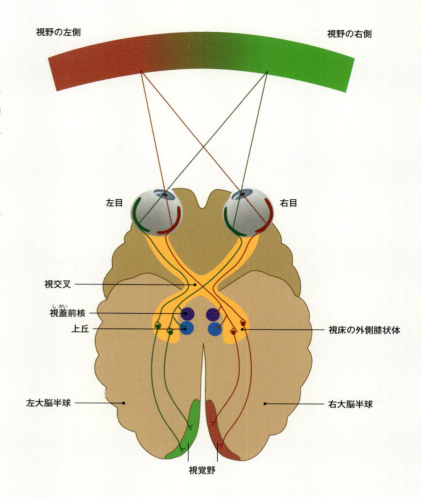

ヒトの脳内における視覚神経回路を表した図。体の右側にある物体が左大脳皮質で感じられ，左側にある物体が右大脳半球で感じられることがわかる。

た。男は回復したが，視覚が戻ってきたのは最後だった。1776年，フランチェスコ・ジェンナリは，後頭葉に薄い色をした縞模様の組織があることを説明した。ジェンナリ線またはジェンナリ線条と呼ばれるこの組織は，外側膝状体まで伸びて軸索の束を形成し，信号を脳の後ろに運ぶことがのちに発見されることとなる。

一次視覚野

　1870年代になるまでに，後頭葉の片側を損傷すると反対側の視野を失うという報告が相次いだ。ジェンナリ線は一次視覚野であるが，視覚は後頭葉の別の部位および隣接する側頭葉の一部からも影響を受けていた。ハーマン・ムンクはこの発見における主要人物として，その功績が認められている。1881年，ムンクはイヌの後頭葉上部を傷つけて，完全に回復するまで看病した。しかし，回復してから数年経っても，問題が残った。眼は完全に見えているのに，脳を傷つけたことによってかつて馴染みのあったものを認識できなくなっていたのだ。このことから，視覚野には，視覚の意味を理解するために必要な形やイメージの概念を留めておく役割があるということも示唆された。

54 トゥーレット症候群

先駆的な神経学者ジョルジュ・ジル・ド・ラ・トゥーレットの名を冠したトゥーレット症候群は，頻繁な瞬きや咳払いなどが無意識に続く運動チックや音声チック，また汚い言葉を発するなどの症状が複合的に現れる疾患である。

トゥーレット症候群という名前がついたのは1884年，若いフランスの医師が独創的な論文を発表したときであった。しかし，病気そのものは，初めての英語辞典を書いたことで有名な18世紀の文壇の大御所サミュエル・ジョンソンにさかのぼることができる。ジョンソンはたいへん話上手で，彼の言葉は現在もたびたび引用されている。だが，彼は話の途中で口笛を吹いたりうなったりし，不規則に腕を振り回したと報告されている。当時は風変わりだと見られていたが，今ならトゥーレット症候群の症状として考えられるかもしれない。

この病気の最初の医学的症例は，米国のジョージ・ビアードが「メイン州のジャンピングフレンチメン」の詳細を報告したものである。森林に住むコミュニティーで，似たような症状が多く見られていた。彼らは他人の言葉をオウム返しにいう「反響言語」を使い，互いの動きをマネする「反響動作」が見られた。「ジャンピング」というのは，突然の衝動的な動きを示しており，ときには吠えるような声を出すこともある。

トゥーレットは，このような症状が世界的にも同様に報告されていることを見つけた。「ジャンピングメン」は，マレーシアではラタ，シベリアではミリアチットと呼ばれていた。男性のほうが女性よりも発症率が高く，職業や教育，倫理的名声に関係なく発症する。トゥーレットは主な症状に，顔面のチックと汚言症などを加えた。汚言症では，思いつくままというよりも，下品な言葉やみだらな言葉を無意識に発する。言語と運動をコントロールできなくなる原因は現在もわかっていない。ただ，この病気には主に遺伝的な要因があると考えられており，トゥーレット症候群に含まれる症状は増えている。〔最近になって，もう一つの遺伝性疾患「びっくり病」も同じような症状を呈することがわかった。〕

ジョルジュ・ジル・ド・ラ・トゥーレットが自らの名前のついた病気についてまとめたのは，医学の道を歩み始めて間もなくだった。

トゥーレット症候群が初めて特定された「メイン州のジャンピングフレンチメン」のコミュニティー。ジョージ・ビアードは次のように報告している。「彼らが手に斧やナイフをもっているときに驚かせるのは危険である。」

55 ジェームズ-ランゲ説

ウィリアム・ジェームズは，心理学者の先駆者であると同時に哲学者としても影響力をもっていた。

1880年代半ば，別々に研究していた二人の心理学者が情動に関する新たな理論を考案した。彼らは，身体的反応と精神的反応はどちらが先かということに興味をもっていた。

米国のウィリアム・ジェームズとデンマークのカール・ランゲはともに心理学者であり，心理過程をもっともシンプルな要素に分解することによって，心や動機，行動の研究をしていた。情動を理解するにあたり，彼らは次のようなシナリオを考えた。大きなイヌがうなり声を上げて走ってくる。さて，何が起きるだろうか？ 筋肉は緊張し，心拍数が上がり，顔から血の気が引き，胃が絞めつけられる。そして全速力で走り出す。また，感情の高まりにも気づくだろう。先ほど挙げたような身体的変化とともに恐怖を感じ，精神的余裕を失う。頭にあるのはただ一つ，イヌから逃げることのみとなる。

スィーナーやダーウィンをはじめとしたほとんどの研究者は，身体的興奮は精神的認識によって生じると考えていた。状況を判断する意識がはたらくと，これが刺激となって，身体的反応が起きるという説である。一方，ジェームズとランゲはこの考えに納得していなかった。彼らは（証明する方法はまったくなかったが），脳の感覚器官が体に指令を送り，その反応が意識に戻ってくると信じていた。つまり，精神的な反応は副次的な効果であり，体が命じられたように動くと，それに合わせて心が動くというわけだ。

この写真を見て，あなたは何を感じるだろうか？ 恐怖を感じるだろうか？ 恐怖を感じるから，逃げようとするのだろうか？ それとも体が勝手に逃げようとするから，恐怖を感じるのだろうか？

反論

誰もがジェームズやランゲの説に賛成したわけではなかった。なかには，この理論では麻痺(ひ)した人たちはまったく感情を抱かないことになると指摘した人もいた。現在では，体の反応と心の反応は関連していないが，相互に情報を得て，影響を強めていると見られている。

1800年から1900年 • 63

56 大脳半球優位性

脳には特定の機能を果たすことに特化している部分があるという発見は，神経科学における大きな功績となった。一方で，これに不安を抱く者たちもいた。もし，いろいろな領域が異なる役割を担っているとしたら，主導権を握っているのはいったいどの領域なのだろうか？ モラルのある理性的で人間的な脳だろうか？ それとも内面に潜んでいる動物的な脳だろうか？

すでに『宝島』の著者として名を馳せていたロバート・ルイス・スティーヴンソンは，1886年に『ジキル博士とハイド氏』を出版した。これは道徳をわきまえた社交的な人格と残忍で乱暴な人格をあわせもつ二重人格者の物語である。この作品は，絶好のタイミングをとらえていた。というのも，ヒトの性格は脳内にある複数の領域がせめぎ合うなかで決められるのではないか，という不安の高まりを具体化したものだったからである。もし，自己制御したり道義をわきまえる能力がうまく機能しなくなったら，はたして私たちは野獣のようになってしまうのだろうか。

二つの半球

大衆が抱いたこのような懸念は，脳の構造と機能をめぐって長きにわたり議論されてきた神経科学における論題がもたらしたものだった。

大脳半球は左右同一で，互いに鏡像の関係にあるというのは，古代から考えられてきたことだった。1800年代には，精神疾患は左右の大脳半球の結びつきが失われることが原因であるといわれた。脳の片側を損傷することで，二つの大脳半球のバランスが失われるというのだ。

フランスの科学者フランソワ＝ザヴィエ・ビシャは，失われたバランスを取り戻すために，怪我をしていないほうの頭を打って，うまいことバランスを取り戻せばよいとさえいった。

物腰のやわらかかった男がたいそう野蛮な男に変貌したというフィネアス・ゲージの話は（誇張されることも多かったが）広く知れわたり，原始的で動物的な脳は誰もが隠しもっていて，より高次で人間的な脳領域によって制御しておかなければならないという考えをいっそう強めた。

> **『ジキル博士とハイド氏』**
> ロバート・ルイス・スティーヴンソンが1886年に書いた物語。ジキル博士は人から好かれ，医師としても尊敬される男だったが，見るも恐ろしい怪物のようなハイド氏に変身する薬を調合した。ハイド氏は，ジキル博士のように理性によって制御されていない。ジキル博士は，ハイド氏を通して彼のもつ動物的衝動を晴らすことができるのだった—それが露呈されるまでは…。

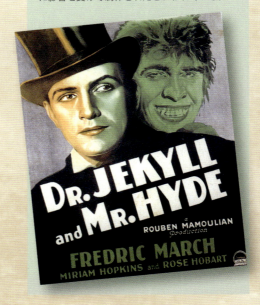

1931年に公開された有名なホラー映画『ジキル博士とハイド氏』のポスター。『インクレディブル・ハルク』（2008年）は，この映画に影響を受けて制作されたといわれている。

左側の脳と右側の脳は同じではない。左脳は言語や理論にかかわりが深く，右脳は空間，感情，および芸術とのかかわりが深い。

脳の優位性

ポール・ブローカが言語中枢を発見し，脳の機能が局在していることだけでなく，右側の脳と左側の脳が同じではないことが証明された。ブローカ自身は当初この考えに抵抗していたが，脳卒中などで脳を損傷して失語症（言語障害）を発症した患者を分析すると，決まって左脳半球が損傷していることがわかった。1874年，ドイツのカール・ウェルニッケもまた失語症の一種とかかわりのある脳領域を別の箇所に発見した（ウェルニッケ野）。ウェルニッケの発見した領域もやはり左大脳半球側ではあったが，側頭葉にあった。ブローカ野を損傷すると，言葉をわかりやすくスラスラということができなくなる。一方，ウェルニッケ野を損傷すると，話すこと自体に問題はないが，その内容が理解不能となる。

ブローカは，大脳半球と利き手の関係性を提唱した。ほとんどの人は右利きだが，左利きの人は右大脳半球に言語中枢があるというのだ。（実際左利きの約5分の1がこの特徴をもっている。）またブローカは，脳の片側は，もう片方の脳に対して支配的であるという考えも提唱した。彼いわく，胎内で左大脳半球は右大脳半球よりも早く成長して支配権を得る。ブローカは，非常に優秀な人たちの脳はたいてい非対称だと信じていたが，大脳半球に関するこのもっともらしい概念は，今では疑問視されている。

言葉と感情

同じ頃，英国の研究者ジョン・ヒューリングス・ジャクソンは，右大脳半球を損傷すると，左大脳半球で似たような領域を損傷したときとはうって変わって，空間認識能力に問題を起こすことを示した。また，失語症になった人でも，くだらない言葉や下品な言葉を発することはできることを発見した。つまり，これらの言葉は，右脳から生じた感情が声として発せられたものであることが示唆された。

脳の機能はかなり局在化しているということはますます明確になりつつあった。しかし，脳のはたらきを理解するためには，片方の脳がもう片方の脳を支配しているという考えに固執する必要はないと思われる。

> 「私は，このように真実に近づいた…人は実のところ一人ではなく，まさに二人なのだ…」
> ヘンリー・ジキル博士

19世紀の神経科学者たちは，犯罪者の頭を研究し，彼らの道徳に反する行為が大きすぎる右脳のせいであるかどうかを調べた。

脳トレ

もし理想的な人が左脳によって支配されている脳をもっていたとしたら，その人よりも劣っている人の脳は右脳によって支配されていることになるのだろうか？ 人殺しや盗人は，野蛮で衝動的な右脳の奴隷になっているというのだろうか？ こうした疑問から，言語能力や右手だけを使う体操に注目して，左脳を鍛えて「礼儀正しくする」試みがなされた。

57 精神分析

長年に及ぶ研究のなかには一時的な成功だけで終わったものも多くあったが，19世紀の終わりに，ある見解が急速に広がった。精神障害（精神疾患）患者のなかには完全に健康な脳をもっているものの，本人さえ気づかないうちに，心の問題が原因で病気になっている人がいるという考えが生まれたのだ。

最初の精神分析学者はジークムント・フロイトだったが，精神分析という分野自体は，ほかの研究者たちによってすでに始められていた。オーストリア出身のフロイトは，医師の訓練を受け，神経学者としてキャリアを始めた。初めて手掛けた研究分野は，担当患者に興奮誘発剤としてコカインを使用することだった。これは，その後，何年にもわたり手掛けた「プロジェクト」となる。（コカインは当時単離されていて，完全に合法となっていたが，それによる悪い影響についてはまだわかっていなかった。）1885年，フロイトはパリに行き，サルペトリエール病院にいるジャン゠マルタン・シャルコーのもとではたらくことにした。シャルコーは，「ダイナミックな病変」すなわち，身体的障害以外の一時的な脳障害の提唱者だった。フロイトは，かつてウィーンで，精神疾患は脳そのものが正常でも心の問題が原因でなりうるという教えを第一に受けたことを思い出した。

ヨーゼフ・ブロイアー。ジークムント・フロイトの同僚で，フロイトによってやがて有名になった会話療法を開発した。

フロイト的失言

エゴ，ペニス羨望，快楽原則，愛憎関係，肛門性格（神経質で支配的という意味）といったフロイトの言い回しの多くは，いまでも俗語とみなされるようになっている。そういった主に性や暴力に関する潜在意識がうっかり表れて，関連性のあることがらを言い間違えることを「フロイト的失言」という。

父親を殺して母親と結婚したオイディプス王が登場するギリシア神話は，フロイトの理論の中心となっている。

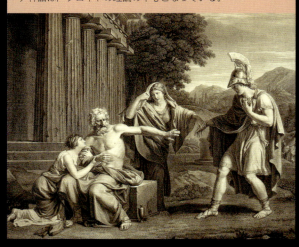

会話療法

翌年，フロイトは個人病院を開業し，患者の診察を始めた。フロイトは，友人のヨーゼフ・ブロイアーが数年前に開発した治療法を使った。ブロイアーは，担当する患者に催眠術をかけて，自分の気持ちを話すように促していた。催眠によって抑制を解こうという考えだ。ブロイアーが初めて成功したのは，アンナ・Oという匿名患者だった。彼女に大きな成果があったことを報告し，この治療法を「会話療法」と呼んだ。以来，この名称が使われている。フロイトは，その理論を系統立てて説明し，世界中に名前が知られるようになった。

無意識の感情

フロイトは，うつや不安，妄想といった症状を呈する精神疾患の原因が，心をかき乱す欲求や記憶に起因するという考察に満足した。これらの感情は，心で受け止めきれなくなると，無意識に閉じ込められる。しかし，ずっと閉じ込めておくこともできず，病気という別の形で現れてくるの

だ。フロイトは，閉ざされた場所から病的な考えを引き出すために会話療法を取り入れた。一度，きちんと向き合えば問題は起きなくなると考えたのだ。このように心を浄化する精神浄化（カタルシス）は非常に効果があり，現代の「自己開示」の考えにも影響を与えている。フロイトの主なやり方は自由連想といい，患者は言語や視覚による合図を受けて，最初に頭に浮かんできたことを話すことで本心を明らかにするというものだった。

心の理論

フロイトはたとえ心が健康な状態でも，同じことが起きていると信じていた。私たちは誰でも邪悪な欲求を「イド」と呼ばれる無意識のなかに抑圧しているという。イドは，理性または心理と相互に作用して「エゴ」を作る。エゴは自我ともいい，私たちの心の操縦席である。しかし，そこにはまた地上管制センターのような「スーパーエゴ（超自我）」がある。スーパーエゴは，ときにエゴより優位に立つことがあって，これが精神疾患の主たる原因となる。フロイトは，イドに抑圧されているのは，幼少期の欲求や両親との絆の産物であると理論づけた。たとえば，両親の結びつきに不快感を抱いた男の子は，父親を殺して母親と結婚したがるとか，生まれてすぐに去勢されたと感じた女の子は母親を嫌い，生涯にわたる「ペニス羨望」により，男性や子どもを所有したがるというように。もしあなたが，この考えに衝撃を受けたなら，それはあなたのエゴが真実から自分を守ろうとしているためだとフロイトはいうだろう。フロイト自身が異常な幼少期を過ごしたため，このような考えを抱くようになったのだという人もいるだろうが。

カール・ユング

カール・ユングはジークムント・フロイトと同時代の人物だったが，無意識についての二人の意見は一致しなかった。ユング（左）は，無意識というのは，フロイトが考えるよりも複雑だと考えていた。そして，個人的なイドの奥深くには，元型と呼ばれる集合的無意識（普遍的無意識）が数多く存在していると提唱した。元型というのは，たとえば母親や父親，教師，ヒーロー，悪党といった基本的な人間の特徴，あるいは死や誕生といったきわめて重要な出来事や，創造や世の終末といった「主題（モチーフ）」である…これら相反する無意識の存在が心のなかで折り合いをつけて，私たちの自己が作られている。精神疾患は，ある特定の問題に関する無意識のサインが集まった「コンプレックス」が原因である。

58 睡眠不足

　睡眠の研究は複雑である―なにしろ，被験者はたいてい寝ているからだ。1860年代に行われた初期の研究では，睡眠はアウェアネス（意識）の深浅サイクルに従うということが示唆された。1890年には，まったく眠らなかったら人はどうなるのかを調べるという新しいアプローチがなされた。

　睡眠を妨げられるというのは拷問である。文字どおり，古代中国の裁判官によって下されたもっとも重い刑罰は，長時間におよぶ断眠の刑だったとさえいわれている。1890年代，何人かの研究者たちが，睡眠不足の影響について対照実験を行った。健康な男性三人が，90時間起きたままにさせられるというものだった。最初の夜は，特に何も起こらなかった。2日目の夜，被験者たちは座りながら居眠りを始め，記憶力が低下した。3日目の夜には，ついに被験者の一人が幻覚を起こした。周囲に色のついた点々が群がっていて，それを払いのけようとした。三人とも，ぐっすり眠ったら回復したが，通常の状態に戻るのに，三晩相当の睡眠は必要なかった。

59 脳機能全体論

　脳はたしかにさまざまな機能を担う領域に分かれていると考える神経科学者がいる一方で，多くは，そのアイデアを受け入れようとしなかった。一つの領域がどこから始まり，どこで終わるのかわからないし，脳は全体として機能するように作られているというのが彼らの考えだった。

　「脳は全体としてはたらく」という考えに賛同する神経科学の理論は「全体論」として知られていた。その理論を支持する一人にカミッロ・ゴルジがいた。ゴルジの染色法は，いまだかつてないほど詳細に脳細胞の構造を明らかにした。ゴルジは，この研究によって，神経細胞同士が物理的につながっていることが明らかになると固く信じていた。全体論者のなかには，きわめて細いチャネルが一つの細胞の樹状突起と別の細胞の軸索をつなげ細胞同士が融着していると考える者もいたが，ゴルジのように，すべて軸索同士でつながっていると信じている者もいた。ゴルジがそのように考えた根拠は，思考の速度と神経の反応にあった。脳ほどの速いはたらきを可能にするには，細胞間を直接通り抜ける物質の流れがあるとしか考えられなかった。

インクの染みは，人によっていろいろなものに見える。脳がさまざまな方法で，その染みに意味をもたせようとするからである。

脳を切除したイヌ

全体論推進派のなかでもっとも発言力のある支持者はドイツのフリードリヒ・ゴルツだった。ゴルツは，筋肉や感覚は頭頂葉で制御されていると提唱したフェリアーらの発見に対し公然と反論した。ゴルツはイヌの脳から大きな塊を切り取る「皮質切除」を行い，イヌたちがそれでも動いたり感じたりできるということを示した。ただし，ゴルツいわく，イヌたちは「ばか」になる。脳全体の量が減るため，知能も低下するからだという。

視覚野の位置を特定することに尽力したハーマン・ムンクは，感覚と運動機能の領域は正確に示すことができるが，複雑な課題を遂行する際の行動や思考のコントロールといった，より高次な「実行機能」の領域は特定できないという中間の立場をとった。ジャック・レーブは，損傷を負っても回復する能力があるということは，脳が「個別の部位を寄せ集めたものではなく…脳半球のあらゆるところで起きている連携プロセス」によって機能している証拠であるといった。

上から順に，ゴルツ，ムンク，レーブ。全体論を推進した三人。

60 触 覚

1894年になる頃には，皮膚の受容器官のほとんどが明らかにされていた。触覚は，単一システムというにはずっと複雑であり，幅広い刺激を感知することができることもわかった。

同じ頃，脊髄につながる感覚神経は，それぞれ「皮膚知覚帯」という特定の皮膚領域から情報を集めていることが示された。これがのちに「皮膚節」として知られるようになった。皮膚節の大きさはまちまちで，たとえば背中の皮膚節は指先の皮膚節よりもずっと大きい。背中の皮膚節は，受容体が散在しており，明らかに感受性が低い。皮膚節は，皮膚への物理的接触を単純に検知しているのではなく，圧力や熱さ，冷たさの差異も識別できる。

これを可能にするために，皮膚には6種類の受容器があり，そのほとんどに発見者の名がつけられている。マイスナー小体とパチニ小体（またはファーター–パチニ小体）は振動と軽い圧力を感知する。メルケル触盤とルフィニ終末は遅順応性で，より強い圧力を感知する。クラウゼ小体は冷覚を感知するが，一般的な温覚や痛覚は表皮下の自由神経終末で感知されている。

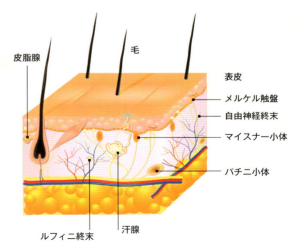

61 シナプス

1890年代，ゴルジの染色法は，ニワトリの脳を用いた神経細胞の配置に関する研究において，大きな効果を発揮した。このときの発見によって，今日私たちが知っているニューロン説が打ち立てられた。神経細胞同士は直接連結しておらず，シナプスという隙間を通して連絡していることがわかったのだ。

サンティアゴ・ラモン・イ・カハールは網状説の概念に終止符を打ち，現在理解されているニューロン説を提唱した。

スペインの科学者サンティアゴ・ラモン・イ・カハールは，顕微鏡での観察を始めてから10年が過ぎていた。カハールは，当時の神経科学における最先端技術を駆使して脳の標本を作り，専用にあつらえた接眼レンズを使った。標本はゴルジ法で染色し，グッデンのミクロトームで半透明の薄片にスライスした。カハールは，得られた結果に大いに満足した。特に彼が説明するところの「金属含浸」という染色はすばらしかった。「何もかも完全なまでに鮮明で，混乱の余地がない。ただ細胞を観察して記録するだけでいい。」

いくら綿密に調べても，カハールは仮説にあるような細胞同士のつながり，もしくは融合を裏付ける証拠を見つけることができなかった。代わりに見たのは，樹状突起にある植物の枝のような細い「とげ」だった。ゴルジ自身もこのとげを見たことがあったが，染色によって作られた人工物だと考えて片づけていた。

一方通行

ゴルジとカハールは，顕微鏡で観察したことについて，まったく意見が一致しなかった。カハールは，とりわけ大きな神経細胞をもつニワトリの小脳に焦点を当てた研究を行った。そして，徹底的な観察の末，（それが何であれ）神経シグナルはつねに神経細胞を一方向に移動するという確信を得た。そして，感覚神経の軸索はつねに脳に向かうが，運動神経の軸索は反対向きであることを示した。感覚神経は脳に情報を運び，運動神経はその情報を体に送り返す。したがって，神経シグナルは軸索を通って細胞から離れ，別の細胞の樹状突起から入ると結論づけ

シナプスの発見において功績が認められているサー・チャールズ・シェリントン。彼はリバプール熱帯医学校で神経および反射運動について研究を行ったのちにシナプスを発見した。

「神経細胞と神経細胞のあいだの接合構造が生理学上重要となりうることからして，それを表す用語があったほうが便利だった。そうしてシナプスという用語が作られた」
チャールズ・シェリントン

た。この一方向にはたらくシステムは，切れ目なくつながっているネットワークを通って神経シグナルが四方八方に流れているとする説に相反するものだった。

神経細胞は間もなくニューロンと名づけられるのだが，これは「自治権を有する州」のようなものであるとカハールは強く主張した。州や地区は，しばしば独立した領域の例として引き合いに出され，政治的な考えが神経細胞についての議論にも影響を与えた。イタリア人のゴルジは，国々は結びついて，つねにより大きい連合にならなければならないと信じており，神経細胞も同様だと考えていた。一方，カハールは，それぞれの文化は保ちつつ，協力し合えるのが大事だと考えていた。

隙間の発見

意見が一致していないにもかかわらず，カハールとゴルジはともにノーベル賞を受賞した。共同受賞者にはもう一人，英国人のチャールズ・シェリントンがいた。シェリントンは，神経細胞同士がくっついていないのなら，細胞はわずかなギャップを越えて化学的にコミュニケーションを図っているはずだと推測した。シェリントンは，この隙間を何と呼ぶべきか同僚に相談し，「互いをつなぐ」という意味をもつ「シナプス」と呼ぶことで意見が一致した。シェリントンは1897年に次のように記している。「仮に神経細胞の伝達物質が液体であり，そして仮に神経細胞と神経細胞がくっついていたとしても，実際に細胞と細胞の伝達部位は接続していない…ということは，細胞表面は離れているはずである。たとえ顕微鏡で細胞膜をとらえることができなくても，一つの細胞とほかの細胞が融着していないという事実だけでも，細胞同士が離れていることを示唆している…。」

その姿は1930年代に高性能顕微鏡が発明されるまでわからなかったが，シェリントンは正しかった。しかし，彼らが研究した化学的メカニズムはまだ謎に包まれていて，解明されるまでにその後25年の年月を要するのだった。

神経細胞と神経細胞が結合していないのであれば，シナプスから化学的な伝達物質が移動していると考えられた。その仕組みが解明されるのは，1920年代になってからとなる。

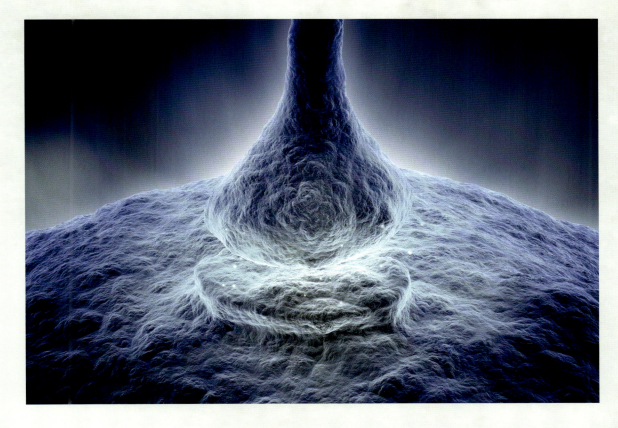

62 自律神経系

神経科学者の多くは，考えたり話したり，体を動かしたりといった随意運動に関する神経系に注目していた。しかし，無意識に行われている運動についてはどうだろう？　これらも脳がコントロールしているのだろうか？

「内臓には二組の神経がつながっている…一つは組織を活発にさせ，もう一つは組織のはたらきを抑制する」
ウォルター・H・ガスケル

体は，私たちが意識していないところでも多くのはたらきをしている。たとえば，呼吸や心拍のコントロールだとか，消化や排尿，発汗の調節などがある。ここで再びローマ帝国時代の医学者ガレノスまでさかのぼってみよう。ガレノスは，神経は体腔（内臓）にある器官に始まり，神経の束となる鎖を形成して，脊髄に沿って通っていると述べ，それらの神経は器官に関する情報を伝達して脳に「同調する」ものであると考えた。1660年代になると，トーマス・ウィリスが，迷走神経（延髄を中枢として内臓各部に走る副交感神経）を切断すると心臓が荒々しく振動することを発見した。その後の研究者により，この神経は瞳孔の開き具合や涙管の調節など，顔や全身にも影響を及ぼすことも明らかになった。こうしていよいよ，ガレノスのいう「同調する」神経は，体の各部位についての情報を脳に伝えるというよりも，むしろ体をコントロールしていると考えられるようになった。1845年，ウェーバー兄弟は迷走神経に電気を通して，心臓の鼓動を遅くしたり止めたりすることに成功した。同じことを別の交感神経に施すと心臓は速く脈打った。

1898年までに，英国の生理学者ジョン・ニューポート・ラングリーは，この神経系を総称して自律神経系と呼んだ。同僚のウォルター・H・ガスケルは，このシステムは実際には二つで一つであることをすでに発見していた。ガレノスが説明していた交感神経は神経節と呼ばれる神経束の鎖から出ており，危機に直面したときに見られる「闘争・逃走反応」をコントロールする。交感神経は，突然の緊迫した状態に対して，心拍数を増加させたり知覚認識を高めたりして体勢を整える。一方，副交感神経は，大半が脳に直接つながっていて，交感神経と反対のはたらきをする。呼吸や心拍数を減少させ，一般的に「安静と消化」に備えて体を休める。

映画の観客。通常映画館では自律神経系を緩めてリラックスしているが，アクションシーンではこのように興奮状態になる。

63 双極性障害（躁うつ病）

診断数の増加にともない認知度が上がってきている双極性障害は，人口の約2%を占めるといわれている。ドイツの精神科医エミール・クレペリンによってほかの精神疾患と区別されたのは1899年のことだった。しかし，双極性障害とその患者は，もっと以前から存在していた。

エミール・クレペリンは，双極性障害患者の研究を初めて行った。

リチウム

ナトリウムとカリウムは体のなかでも，特に神経系に普通に見られる成分である。なぜだかは明らかではないが，似たような元素のリチウムをわずかに与えると双極性障害の制御に役立つ。

小説家のヴァージニア・ウルフと画家のヴィンセント・ファン・ゴッホはともに双極性障害だったといわれている。どちらも自殺した。また，双極性障害は芸能や芸術の世界で名声を博した創造力のある人に多く見られるともいわれており，実際，双極性障害であった有名人を挙げていけば長いリストが完成する。（これが本当であることを証明するのは難しいかもしれないが。）双極性障害は，躁状態とその反対のうつ状態を繰り返すという特徴がある。うつ状態では覚醒レベルが抑圧され，躁状態では気持ちが高ぶり病人には見えないことが多い。躁状態では新たな分野での創造性が駆り立てられることもある。しかし，双極性障害と診断されて喜んではいけない。治療しなければ，自傷行為や自殺につながることもある。

「私はしょっちゅう不幸のどん底にいるが，それでも平穏や純粋な平和，音楽が私のなかにある。たいそう貧しくて小さな家の，どこよりも汚れた部屋の一角に絵画やスケッチを見つけると，私の心は，抑えきれない勢いでこれらのものへの関心にかき立てられる」
ヴィンセント・ファン・ゴッホ

躁うつ病

双極性とは，患者が二つの相反する感情を経験することを意味する言葉であり，1950年代に登場した。クレペリンは双極性障害を「躁うつ病」と呼び，患者はたいてい普通の生活を送っているが，定期的に躁状態またはうつ状態におちいると記録した。クレペリンはこの病気の特徴をとらえるために，治療していない患者を長期にわたり観察した。そして単なる周期的な気分のアップダウンに留まらない，さまざまな症状があることを発見した。軽度の躁うつはすでに「循環気質」として説明されており，クレペリンはこれを躁うつ病のもっとも軽い状態であると考えた。多くの患者は，もっとはげしい感情の変化を経験し，ときには躁状態とうつ状態が非常に短いあいだに入れ替わる。

情動反応

躁うつ病の症状に初めて気づいた人物はクレペリンではなかった。1850年代に，二人のフランス人神経学者が似たような症状を報告していた。ジュールズ・バイヤルジェは「重複型精神病」を説明し，ジャン＝ピエール・ファルレは「循環精神病」という用語を考案した。

クレペリンは，一連の研究によって示されていたとおり，躁うつ病は遺伝するのではないかと考えていた。ヒトが双極性障害になる傾向は遺伝し，環境要因によって病気が引き起こされるという。ある理論によると，たとえば扁桃体など，感情に関与している脳の部位はほかの部位より活動しやすい。それが長期間ストレス下に置かれたときなどに過剰活動を引き起こすと，さらに情緒変動の影響を受けやすい脳を作ってしまうのだ。クレペリンは，躁うつ病の発症に男女差はないが，子どもにはほとんど見られないと記録している。別の原因として，神経細胞を駆動するナトリウムチャネルのはたらきが周期的に変化することが挙げられる。この場合，ナトリウムチャネルのはたらきが遅くなるとうつ病が引き起こされ，過剰にはたらくと躁病が引き起こされる。

双極性障害の患者は，まったく症状のない普通の状態が長いあいだ続くが，ときおり，うつ病か躁病またはその両方を呈する。

64 失行症：動作の障害

失行症というのは，風変わりな複数の障害を表す用語である。代表的な症状として，正常な筋力があるにもかかわらず，意図したとおりの動きができないというものがある。失行症の研究によって，より高次の脳機能が運動をコントロールしていることが明らかになった。

> 「もっとも意図的な運動またはもっとも特殊な能力が最初に損傷を受ける。これは，進化とまったく逆の順序である。したがって，私はこれを解体の理論と呼ぶ」
> ジョン・ヒューリングス・ジャクソン

失行症を初めて説明したのは，1860年代，ジョン・ヒューリングス・ジャクソンだった。ジャクソンは，この疾患は，脳はより知的な領域が基本的な機能をコントロールする階層構造をもっているとする説をさらに支持する証拠になると考えた。このテーマがいよいよ注目を集めるようになったのは，ドイツのユーゴー・リープマンが1900年に失行に関していくつかの報告を行ったことによる。たとえば，患者は，髪をとかすようにいわれても，そうすることができなかったり，別のことをしてしまったりする。しかし，患者はその指示を理解していたし，くしの使い方もわかっていた。歩行も可能で，立ったり座ったりといったより大きな動作をすることもできた。それに，自らの意志であれば髪をとかすこともできた。失行症は，片側の脳損傷にともない，片手に現れる場合が多い。リープマンによると，右脳半球の損傷では失行症になりにくいが，左脳半球の損傷では学習した動作を整理する能力に影響が現れる。

65 認知症

1901年，アロイス・アルツハイマーは，ドイツのフランクフルトで46歳の患者を診た。彼女は自分の名前を書くことができず，「自分が誰だかわからない」といった。アルツハイマー病と診断された初めての人物である。

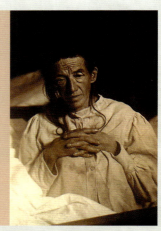

アウグステ・データー
アロイス・アルツハイマーが最初のアルツハイマー病患者について記した医療記録は，1996年に再発見された。その患者アウグステ・データーは今までもっていた能力が失われた自覚があるようだとアルツハイマーが記録している。アルツハイマーは，データーに出会って間もなくミュンヘンに引っ越したが，彼女が他界するまで頻繁に訪ねた。

「認知症」とは，知力，記憶，および自己認識が徐々に低下することをいう。高齢者に多く，長い年月をかけて進行する。医療の発達や健康的な生活により，世界人口の平均年齢が高くなり，認知症はさらに一般的な病気となった。認知症患者の約4分の1は，脳血管性認知症で，小さな脳梗塞などを繰り返した結果，脳のなかでも特に前頭葉への血液供給が徐々に減少することが原因とされている。アルツハイマー病は認知症患者の約2分の1を占める。この病名は，ドイツ人医師の名前をとってつけられた。アルツハイマーは，何年か前からアウグステ・データーという名前の患者を診察し，

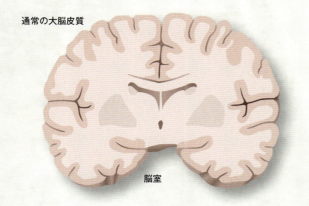
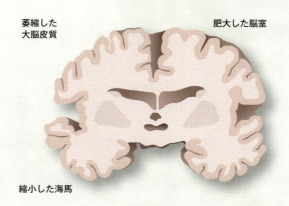

図は，アルツハイマー病によって大脳皮質が縮み，脳室が肥大して海馬が著しく縮小しているようすが示されている。

データーが亡くなるまでの5年間，病気の進行を追った。データーは，次第に混乱していった。物を認識することはできたが，それが何であるかわからなかったり，何かを見せられたということさえもすぐに忘れてしまったりした。やがて，彼女は失禁を繰り返し，寝たきりになった。原因は主に，彼女に起き上がる意志がなくなったからだった。アルツハイマー患者は最終的に，話す能力を失うが，感情的な反応は残っている。運動不足により筋肉が衰弱し，やがて体力を消耗すると感染症によって命を落とす。

治療法の模索

　最初，アルツハイマー病は自然の老化にともなって起こる現象とは異なると考えられていた。アウグステ・データーは55歳の若さで亡くなったからだ。しかし，彼女の症例は特に早期発症であったと今では考えられており，高齢になって発症する認知症と原因は同じであると考えられている。この病気は遺伝的要因が強く，感染症が原因で発症することはない。生化学的な要因についての理論は，現在も数多く存在する。治療法はなく，予防に努めるのが最善と思われる。はっきりと証明されたわけではないが，ボードゲームをする，音楽を演奏する，本を読む，友人と会うなど，意図的な精神活動を定期的に行うと，脳の認知能力の維持に役立ち，アルツハイマー病を予防できるようだ。

CJD

クロイツフェルト・ヤコブ病（CJD）は，脳に異常をきたす珍しい疾患である。ウイルスや細菌ではなく，タンパク質が感染本体であるプリオン病と考えられている。プリオン自体は脳にもともと存在するが，CJDでは構造変化が起こって脳内に広がり，徐々に脳を破壊する。異常プリオンはヒツジ，ウシ，シカなどの大型哺乳類から感染すると考えられている。

アロイス・アルツハイマー（前列左）と同僚たち。1904年，ミュンヘンにある彼の診療所にて。この頃，自身の名が冠された認知症についての詳細な記述を行った。

66 読字障害

読字障害（ディスレクシア）は，以前は「語盲」として知られていたが，実のところ20世紀初期まで病気としては認識されていなかった。病気として認識されるようになったのは，主に，多くの子どもたちが正規教育を受けるようになってからであった。ただし，読み書きの障害そのものには長い歴史がある。

紀元31年，ローマの歴史家ウァレリウス・マクシムスは，アテネ出身のある男について次のように語った。男は岩に頭をぶつけた。記憶を失うこともなく完全に回復したものの，文字を認識することができなくなった。のちに「失読症」と名づけられたこの病気は，左脳半球でも特に言葉の理解に関与するウェルニッケ野近くを損傷すると起きることが多い。

失読症は読む能力が失われる疾患であるが，言葉の学習に問題があるものを読字障害と呼ぶ。初めて記録された症例は，英国出身で14歳のパーシーだった。パーシーは，onとかtheといった簡単な単語しか読み上げることができなかった。ただ，パーシーのような読字障害者は，言葉についての理解力が欠如しているわけではなかった。この原因を探そうとした初期の研究者たちの大半は，側頭のウェルニッケ野近傍にある頭頂葉の領域に着目した。ほかに，左利きの人に文字を逆から読む人がいることとの関係も考えられた。読字障害には遺伝的要因があるが，現在はっきりしているのは，読字障害にはさまざまな型があることから，原因も複数あるだろうということである。

67 機能地図

脳機能局在論についての議論は「脳はたしかにいくつかの領域に分かれている」ということであらかた片がついた。研究者たちは，どの領域が何をするのかをさらに詳しく調べようと，脳の構造を細胞レベルで研究するようになった。

大脳皮質表面に着目し，脳の地図を作ろうという動きが生まれた背景には，「隣り合う領域でも異なる機能を担うのなら，それぞれの領域の構造も違うはずだ」という考えが中心にあった。20世紀初頭は，まだ，これを裏付ける証拠がなかったが，まずはこのあたりから話を始めるのがよいだろう。

この新たな研究分野には「細胞構築学」という仰々しい名前がつけられ，何人かの解剖学者たちがこの分野で有名になった。その第一人者にはオーストラリアのアルフレッド・ウォルター・キャンベル，フランスのオスカーとセシール・フォークト夫妻，ドイツのコルビニアン・ブロードマンらがいた。彼らはみな，脳表面のしわを覆う細胞層を染色して目立たせるという，概して似たようなアプローチをとった。（もし脳の表面を

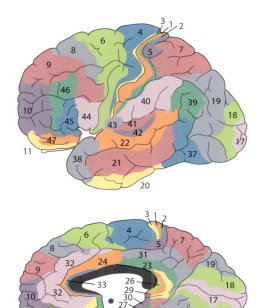

1～3 – 感覚	37 – 顔と言葉の認識
4 – 随意運動	38 – 不明だが感情と関連あり
5 – 体性感覚連合野	39, 40 – ウェルニッケ野の一部, 言葉の理解
6 – 動作の計画	41, 42 – 聴覚
7 – 手, 眼の運動	43 – 味覚
8 – 眼の運動	44, 45 – ブローカ野, 発話
9 – 動作の計画と制止	46 – 注意と作業記憶
10 – 想起	47 – 言語と構文
11, 12 – 決断	52 – (41 に隠れている) 不明
16 – ホメオスタシス (生体恒常性)	
17 – 視覚	
18 – 視覚的記憶	
19 – 運動の感知と注意	
20 – 顔と形の検出	
21 – 不明, 読字に関連する	
22 – ウェルニッケ野の一部, 言葉の理解	
23 – 空間的記憶	
24 – 心拍および血圧	
25 – 食欲と睡眠	
26 – エピソード記憶	
27 – 嗅覚	
28～34 – 記憶とナビゲーション	
35, 36 – 記憶と視覚的認知	

1909年にコルビニアン・ブロードマンによって作られたオリジナル脳地図およびその領域と機能の一覧。

平たく伸ばしたとしたら，わずか3ミリメートル四方の領域でも新聞紙1枚を覆うくらいになる。）大脳皮質の領域は，細胞の配列のしかたや，細胞の種類と割合，そして細胞層の形成方法によって区別された。どの研究者も独自の基準をもっていたことから，20世紀になって最初の10年に作られた脳地図はどれもばらばらだった。ブロードマンの地図には52の領域があり，フォークト夫妻の地図は200以上もの領域に区切られていた。それにしても，これらの領域は実際に何を意味しているのだろうか？ ブロードマンは，はっきりわからないながらも，次のように述べている。「大脳皮質に明らかな組織上の違いがあるということは，各組織がそれぞれ特定の機能を担っていることの証明にほかならない——脳が仕事を分業しているのは，私たちもわかっている。脳には，さまざまな機能に対応する多数の領域があるのだ。」

密接なつながり

ついに，うまくいった。脳の異なる機能をもっとも正確に示していると考えられたのは，1909年に完成したブロードマンの脳地図だった。各領域がつかさどる機能は何度もテストされた。損傷による影響を調べるといった古くからの方法も使ったし，電気刺激や医学画像を駆使した最新技術も取り入れた。脳の領域を表すブロードマンの脳地図は，今では神経科学者たちの道標となっている。領域17は主に視覚野である。領域4は主に運動皮質，ブローカ野は領域44と45からなる。理解や記憶をつかさどる高次認知機能もまた特定の領域に関連している。しかし，何もかも簡単にいくわけではなかった。各領域は複数の機能，ときには異なる機能と関連しているからだ。脳を理解するためにはさらなる研究が必要とされた。

エマーヌエル・スヴェーデンボーリ

スウェーデンのスヴェーデンボーリは，脳地図を170年前に予言しており，脳の表面は，多数のしわがあるいくつかの「小さな脳」によって覆われていると述べていた。彼の考えは現実と驚くほど似ていた。

68 症状 vs. 機能

ちょうど脳の構造と機能との関係が明らかになってきた頃，「私たちは実はまだ何もわかってはいない」と指摘した神経科学者がいた。

モートン・プリンス。神経科学の前提に疑問を投げかけた研究者。

ブローカの時代以降，神経科学者たちは，事故または意図的な損傷によって起こる影響を観察するという方法で，脳の特定領域の機能を証明してきた。たとえば，ブローカ野に損傷を負って言語障害が引き起こされたら，ブローカ野は言語をつかさどる領域であると結論付けるというように。しかし，1910年，米国のモートン・プリンスは，初期の研究者たちと同じ懸念を抱き，言語能力を失った人の3分の2はブローカ野がまったくもって健康だったことを示す研究結果を示した。これにより，脳損傷による症状から損傷した領域の機能を導けばよいとする単純な考えが排除された。プリンスは，脳機能の局在化について知られていることのほとんどは，「科学のファンタジー」であるといった。脳の機能局在化を否定はしなかったが，症状と機能が等しいとは限らないと指摘した。プリンスいわく，脳の各領域はそのはたらきを行うためにほかの領域に依存している。よって，それぞれの領域だけを見るのではなく，全体も合わせて，脳の機能について理解していかなければならない。

69 統合失調症

1911年，オイゲン・ブロイラーは新たな精神疾患を説明し，「精神分裂病」と名づけた。それ以降，この病気の一般的な見解は見直されている。〔現代の日本では統合失調症と呼ばれている。〕多くの人は，精神が二つに分かれる病気だと考えるが，実際は精神が現実から離れているのである。

「私の患者たちは，私にとって庭にいる鳥たちよりも不思議な人たちだ」
オイゲン・ブロイラー

オイゲン・ブロイラー。統合失調症の初期の研究者。

ブロイラーは，数年前から精神分裂病という新しい用語を提唱していたが，この病気の詳細を明らかにしたのは1911年だった。ブロイラーは，エミール・クレペリンがその10年前に提唱した「早発性痴呆」を改めて精神分裂病という病名にしたいと考えた。早発性痴呆とは，「若年性の痴呆」という意味で，10代後半から20代前半に発症しやすい精神疾患である。一般的にイメージされるような痴呆とは異なり，患者は次第に混乱や物忘れを起こし，話をまとめるのに苦労するようになって，精神が錯乱したり要領を得なくなったりする。（このような症状を現代では「言葉のサラダ」と呼ぶ。）ブロイラーは，現実と想像を区別することが難しい患者に，こうした症状がよく見られることに気づいた。そういった患者の頭のなかは，健常な人に

見えている現実の世界から切り離されていた。幻覚だけでなく幻聴（誰もいないのに声が聞こえる現象）をともなうことも多いが，統合失調症の人にとってはそれがまぎれもない現実なのである。

多すぎるものと，足りないもの

統合失調症の症状には，陽性（positive）と陰性（negative）の特徴がある。ここで，陽性の症状とは「よい症状」ではなく，「付加的な症状」という意味である。統合失調症患者は，同じ状況下にいても，病気でない人が経験しないようなことを経験する。ないはずの物を感じたり，聞いたり，味わったりすることさえあるのだ。そのため，彼らが誰なのか，今何が起きているのか，といったことが，周囲からは現実とは異なる妄想と見なされる。一般的な症状にパラノイア（妄想症）があり，患者は見えない何かに監視されていると感じる。陰性の症状は無気力症に似た症状で，友情を保つための感情や欲求の欠如が挙げられる。極端な症例では，統合失調症患者が緊張病になることもあり，一定の姿勢を保ったままでいたり，同じ身振りを何度も繰り返したりすることがある。

統合失調症は家族性であることがあり，通常，若年成人期に病状が現れる。記憶や集中力，理解をコントロールする脳のいくつかの領域において活動の低下が認められる。ほかにも，脳の神経ネットワークをコントロールするいくつかの化学物質に対する感受性が高くなる。これが根本的な原因であるかは定かではないが，多くの治療法は，この感受性を正すことを目的としている。

ある統合失調症患者の自画像には，現実とは違う，彼らが経験している世界が描かれている。

解離性同一性障害

一般的には，統合失調症患者は人格が分裂しているというイメージがあるかもしれないが，これは誤解である。ただし，解離性同一性障害ではまさにそれが起こる。（少なくともそのような説がある。）患者が一つの人格を切り離して別の人格を獲得する方法については共通の見解が得られていない。ある人格が現れているときは別の人格のときの記憶がなく，違う人格でいるときにしたことについてはまったくわからない。この病気が本当に存在するのかという議論は現在も続いている。

体は一つだが，人格は複数ある。

70 てんかん

てんかん（epilepsy）という用語は、「発作」を意味する古代ギリシア語から派生した。てんかんは、精神疾患のなかでももっとも多く、100人に一人の割合で見られる病気で、過去1,000年のあいだ患者の報告が途絶えていない。医学的に治療が可能になったのは、1912年になってからのことだった。

多くの患者は、生まれながらにてんかんをもっている。英国のジョン王子は、この病気が原因で13歳のときに他界した。

てんかん発作の最古の記録は、約4,000年前の古代メソポタミアにさかのぼる。当時、どんな精神疾患でもそうであったように、この病気も月の神のしわざであると考えられていた。治療法といえば、たいていは悪魔払いのようなものだった。

その後38世紀のあいだ、大きな医学的発展はなかった。1800年代中頃になって、てんかんの症状を和らげる副作用の少ない鎮静薬として臭化物が導入された。効果が示された最初の治療薬フェノバルビタールは、1900年代に偶然発見された。この薬は1912年に承認され、それ以来、現代にいたるまで使われ続けている。

てんかん重積状態

19世紀の中頃まで、てんかん患者は精神疾患患者と同じように扱われ、隔離されることも珍しくなかった。治療法が発見されるまで、てんかんと診断された患者には非常に多くの制約が課された。てんかん患者は、何の症状もなく日常生活を送っていると思いきや、突然の発作でどうにもならなくなってしまう。ローマ人はこれを「集会病」と呼んだ。てんかん発作には、予兆もなければ、傾向も見られ

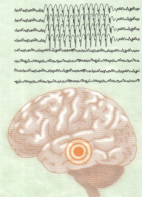

1880年代のロンドンで、通行人が、発作を起こした人の面倒をみているところ。20世紀になって医学が進歩するまで、患者を守る手立てはほとんどなかった。現在も根本的な治療法はないが、患者の多くは薬で発作を抑えることができている。

多くのてんかん発作は、片側の大脳半球より始まり、その後もう片側に広がる。

ないのだ。
　てんかんは一つの病気というよりは，いまだ完全には理解されていない脳機能の異常とそれによって現れる症状のことをいう。てんかん発作では多くの場合意識消失が生じる。これは患者にとってもっとも危険なことである。患者の多くは強直発作を併発し，筋肉が硬直したり，体が大きくリズミカルな動きをしたりす

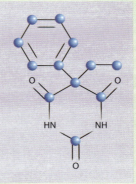

フェノバルビタール
　1904年，バルビツール酸誘導体として知られる薬の一つが初めて販売された。その鎮静作用はよく知られていたが，その後，発作を防ぐ効果があることが偶然発見された。この薬は現在も抗てんかん薬として使われているが，今では，より少ない副作用の薬が一般的になっている。1940年代，ナチスはフェノバルビタールを過剰投与して知的障害のある乳幼児を殺した。

ることがある。反対に，筋肉が弛緩し，バタンと床に崩れ落ちてしまう患者もいる。フェノバルビタールは前者のタイプの発作にもっとも有効である。
　一般的に，5分で治まる発作は「てんかん重積状態」に分類される。神経科学の研究によれば，普通，ニューロンはバラバラには発火しないが，細胞が同時に発火すると同調して，てんかん発作が起きる。脳卒中や頭蓋骨損傷，感染症でも，このタイプの発作を起こすことがある。たいていの場合は治るが，原因がわからず発作を繰り返す場合はてんかん発作に分類される。

71 神経中枢：線条体

　線条体とは，脳の深部にある，小さくて縞模様のある構造物である。初期の研究では，運動機能に関与しているとされていたが，今日ではそれ以外の役割も担っていると考えられている—たとえていうなら，脳の中継基地といったところだろう。

　「線条体」は，線状あるいはクモの巣状の見た目から名づけられ，アンドレアス・ヴェサリウスによって初めて大脳皮質下に発見された。トーマス・ウィリスは次の二つの点を記録している。麻痺のある人の線条体は非常に小さく，乳児の線条体には線がない。これにより，線条体は学習運動の中枢であるという考えが導かれた。ウィリスは，感覚器の精気はここで筋肉を支配する精気と交わると考えた。しかし，1870年代に運動皮質が脳の別の領域に発見されたため，研究者たちは線条体を新たな角度から研究し始めた。
　1914年，S. A. キニエ・ウィルソンは，何匹かのサルの線条体に切り込みを入れ，電気刺激を使ってそのはたらきを研究した。サルはそれでも動くことができたが，動きは硬くてぎこちなくなった。このことから，線条体は筋肉への信号を円滑にして，安定した動きができるようにコントロールするものであると結論付けた。このはたらきは，脳と体を協調させるうえで重要な「抑制機能」として知られている。

線条体は大脳半球の下に位置している。

72 IQ

神経科学ができて間もない頃は，脳が大きいほど賢いという仮説が立てられていた。その背景には，「自分たちのような神経科学者や大学の研究者たちこそ，最高の知能の持ち主である」といううぬぼれがあった——結局，彼らはそれを証明できなかったが。

アルフレッド・ビネー。IQ検査の生みの親。

知能が遺伝するという考えには長くて多難な歴史がある。もちろん，知能には遺伝的要因はあるのだが，それだけでほかの人よりも抜きん出た能力が生まれるのかというと，その答えはまだ出ていない。教育やしつけもまた重要な役割を担っているはずだ。では，これらの要素をどのように測定したらよいのか？ 最初にこれに挑戦した人物は，19世紀の統計学者であり，20世紀ファシストを鼓舞した人種差別論者のフランシス・ゴールトンだった。

ゴールトンはチャールズ・ダーウィンのいとこで，不要な形質を排除するために人間が人間を改良する「優生学」の提唱者だった。そのためには家畜と同じ方法を用いればよいという。望ましい性質をもつ人同士が子を産むように仕向け，そのような性質をもたない人たちは遺伝子プールから排除するのだ。

知能の測定

高い知能は，明らかに望ましい特徴の一つである。ゴールトンは，ヒトの頭蓋骨の構造と学力との相関関係を調べる広範囲な研究に取り組んだ。頭蓋骨の構造というのは，主に大きさと形のことで，偉大な男性は，すばやい思考力を可能にする大きな頭と脳をもっていることを証明したいと考えていた。男性とは別の基準で見た偉大な女性についても研究を行った。だが，証明されたのは，ゴールトンの考えはいささか間が抜けていたということだった。

知能は成果によって示されるというのがゴールトンの理論だった。ちょうど同時期，世界の先端をいく神経科学の地，パリのサルペトリエール病院では，ある研究者が人生の転機を迎えていた。

彼の名はアルフレッド・ビネーといった。ビネーは無償でサルペトリエール病院に勤務する心理学者だった。（非常に裕福だったので給料などなくてもよかった。）しかし，

知能を測定する方法として，IQは頭蓋容量の測定に取って代わった。

彼が立てた実験計画はことごとくうまくいかず，成果を得られないまま1891年に病院を去った。ビネーは，その後，あるプロジェクトを開始した。それはパリの名門ソルボンヌ大学の優秀な学生たちの頭蓋骨を測定するというものだった。研究は10年間に及び行われたが，彼はその結果に困惑した。たいへん優秀な学生たちの頭は，ほかの学生よりもとりたてて大きくはなかったのだ。「頭の大きさを測定することで知能を測るという考えは，どうもばかげていた」と彼は報告している。その代わり，ビネーはある検査を考案した。まずは子どもを対象にしたもので，どの子がよい成績を取る可能性が高く，どの子がそうでないかを示すものだった。ビネーの検査は1905年に完成し，おつりの計算だとか形の特定というような日常的な問題が出題された。読み書きの能力は意図的に省かれた。

スタンフォード・ビネー知能検査

1911年に亡くなるまで，ビネーはセオドア・シモンとともに，10代の若者と大人のための検査を開発した。このビネー－シモン知能検査は主に学校で使われた。問題が徐々に難しくなるようにデザインされ，解けない問題が出てきたところが，その人の「精神年齢」を示すというのがこの検査の仕組みとなっている。結果は，身体的な年齢よりも高い場合もあれば低い場合もある。

フランスで開発されたこの知能検査は，さまざまな言語に翻訳された。1916年，スタンフォード大学のルイス・ターマンは北米人用の検査を開発した。ターマンは平均的な能力をもつ人（すなわち，精神年齢と身体年齢が一致する人）のスコアが100になるようにシステムを改良した。スタンフォード・ビネー知能検査として知られるこのシステムは，現在のIQ検査の分野においてよく使われる方式となっている。IQとは「intelligence quotient（知能指数）」を指し，1920年代に現れてから現在も，同様の検査を表す略語として使われている。

検査を受けてみよう

IQ検査は，結果が正規分布と呼ばれるベルカーブを描くようにデザインされている。たいていの人は100のスコアを得る。これよりも高いスコアは知能が高く，低いスコアは知能が低いということになる。ほんの一握りの人だけが，カーブの両端のスコアを得る。ビネーが開発した初期の検査同様，質問は，下記に示されるように言語を必要としない論理的思考を問うものである。

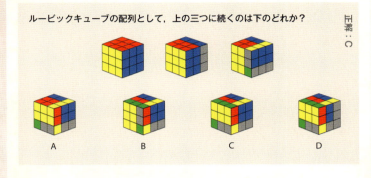

ルービックキューブの配列として，上の三つに続くのは下のどれか？
正解：C

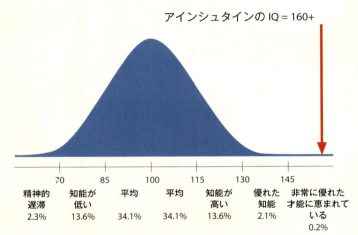

アインシュタインのIQ = 160+

精神的遅滞	知能が低い	平均	平均	知能が高い	優れた知能	非常に優れた才能に恵まれている
2.3%	13.6%	34.1%	34.1%	13.6%	2.1%	0.2%

知能指数の分布	知能段階
40〜50	非常に困難を背負っている（受験者の0.2%未満）
55〜69	困難を背負っている（受験者の2.1%）
70〜84	平均以下
85〜114	平均（受験者の68%）
115〜129	平均以上
130〜144	才能がある（受験者の2.1%）
145〜159	天才（受験者の0.2%未満）
160〜175	並外れた天才

メンサ

IQ検査で上位2%のスコアを得た人はメンサへの加入に招待される。メンサとは，賢い人々のための国際グループである。とはいえ，世界で12万1,000人の会員しかいないことから，加入資格のあるほとんどの人が実際には加入していないということが，それほど高いIQをもっていなくてもわかるだろう。メンサのなかでも，若いメンバーは年配のメンバーよりも頭がよい。なぜかといえば，私たちはみなどんどん賢くなっているからだ。IQ検査は，平均スコア100を保つために，頻繁に更新しなければならない。

73 小　脳

脳の後方に位置する小脳は，初めて明確に区別された領域の一つだった。初期から運動機能との関連が示唆されており，戦時中に，負傷した人々の脳から小脳の重要な役割を洞察することができた。

小脳は後頭葉の下にあり，第4脳室によって後脳と区別されている。

「小脳（cerebellum）」という言葉には，「小さい脳」という意味がある。小さめではあるが，一目見て，大脳と多くの類似点がある。小脳も深く折りたたまれており，二つに分かれている領域は現在では「小葉」と呼ばれている。アリストテレスが初めて小脳を特定したのは2,400年前のことだった。ガレノスは，近くに第4脳室があることから，小脳は動物精気が脳から体へ流れて動きを作るときに弁のようなはたらきをすると考えた。何世紀ものあいだ，小脳は呼吸などの自動的で不随意な運動をつかさどる器官であると一般的に考えられていた。

さらなる見解

当初，小脳は，後脳にあるほかの部位とともに一つの領域として分類されており，小脳のあたりに怪我を負うと，呼吸などの生命維持に不可欠な運動が止まってしまうと信じられていた。しかし，解剖学者たちが小脳をほかの部位と区別するようになって，小脳を損傷しても命を落とすことなく，完璧に呼吸を続けることができることが明らかになった。

19世紀の初めに研究をしていたフランスのマリー＝ジャン＝ピエール・フルーランは，ハトを使った実験において，小脳の外側部分を失うとぎくしゃくした動きになり，中央部分を取り除くとピクピクした動きや制御不能で大きな動きが続くことを発見した。また，片側の小葉だけを切除した場合は，反対側の体に影響が現れ，小脳をすべて取り除くと麻痺が生じた。

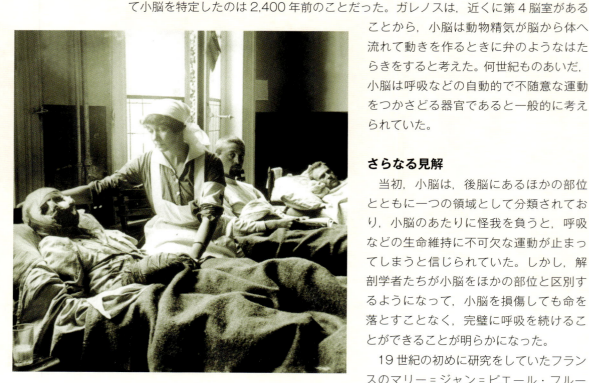

第一次世界大戦中に後頭部を銃で撃たれた患者は，小脳のはたらきの研究に貢献した。

戦傷者たち

第一次世界大戦では多くの命が失われたが，小脳の研究を行うための実験対象者を十分確保することもできた。研究の先端を行っていたのはアイルランドのゴードン・ホームズだった。ホームズは，小脳を負傷しても感覚機能は失われず，反射運動も比較的変わらないということを知った。そして，小脳は筋肉の緊張を整えるのに関与していることを示した。体が滑らかに動いたり，ちょうどよい強さで動いたりできるのは小脳のおかげだったのだ。小脳がなければ，弱くてぎこちない動きとなる。

74 ゲシュタルト思考

脳は各領域に分かれつつも，複数の領域が連携して特定の役割を果たしていることはわかった。だが，これだけでは，脳のはたらきについて，すべての疑問に答えることはできない。おそらく，脳にはさらなる仕組みがあるのだろう。

脳の各領域が特定の機能と結びつけられていくなかで，脳という器官は各領域の総和であるという概念が生まれた。自分の体や周囲の環境から入ってくる情報は，脳の特定の領域で受け取られる。すると，その情報は別の領域に送られて処理される。処理された情報は，調節機能をもつ領域を通って，何かしらの反応を起こす運動領域に達するという具合に。だが，この分野の研究者のなかに，脳のはたらきは各領域の単純な総和に留まらないことを発見した人たちがいた。特に知覚や認知にかかわる高次実行機能においてはそうだという。

この学派はオーストラリアのクリスチャン・フォン・エーレンフェルスによって始められた。彼は，個々を認識するだけでは，世の中のゲシュタルト（形態）を表現するのに不十分であると主張した。たとえば，三角形を見たときに「三本の直線が結びついているものだ」とは思わないし，音楽や言語を聞くときも，個々の音を順番につなぎ合わせて理解するわけではない。認知などの高次脳機能は，複数の脳領域が相互に作用しながら機能するというのだ。この考えは，今では使い古された格言となったが「総体は部分の総和ではない」と表現されている。（ただし，「総体は部分の総和に勝る」と誤って記憶されていることもときどきある。）エーレンフェルスは，この観点を，ドイツという国や文化を含むあらゆるものに当てはめたのだが，20世紀の後に，まったくもってよくない影響を及ぼすのだった。〔第二次世界大戦中，ナチスはユダヤ人捕虜に対して，人格コントロールを目的とした実験を行い，精神のゲシュタルト崩壊を起こさせた。〕ただ，1920年代のうちは，ゲシュタルト思考によって，脳損傷では一つの機能が失われるだけではなく，脳全体に影響を受けると理解されるに留まった。

「総体は部分の総和ではない」
クルト・コフカ

全体としての認知
これらの形は，ゲシュタルト思考の有名な例である。さて，何が見えるだろう？　まずはいくつかの黒い形が散らばっているのがわかる。しかし，いつの間にか，脳はそれぞれの形をグループごとにとらえて，まったく異なる形として認識したことだろう。

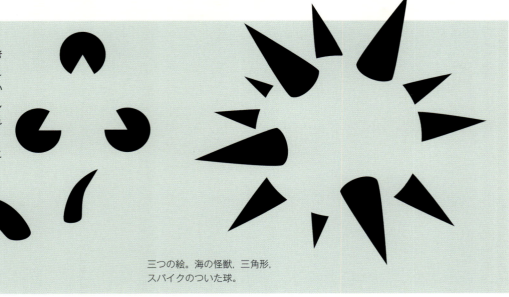

三つの絵。海の怪獣，三角形，スパイクのついた球。

75 神経伝達物質

神経細胞はシナプスと呼ばれる隙間によって接続されているという，チャールズ・シェリントンが提唱した説は広く受け入れられた。しかし，実際，どのようにシグナル伝達が行われているのか，その仕組みを知る人は誰もいなかった。電気的に行われているのだろうか？　それとも化学的に？　答えを与えたのは，塩水のなかで脈打つカエルの心臓であった。

オットー・レーヴィは神経伝達物質の発見により，ヘンリー・デールとともに1936年のノーベル賞を受賞した。

シナプスにまつわる疑問は，神経細胞がもつ二つの基本的な機能から答えられると考えられた。神経細胞は，体を刺激してより速く強力にはたらかせるか，あるいは体を抑制して休息状態にするかのいずれかを行う。1890年代，副腎から抽出された物質が，心臓を刺激して脈拍を早められることが発見された。副腎によって作られるアドレナリンが鍵を握っているのだろうか？　神経シグナルは化学物質を使っているのだろうか？　これらの疑問に対する答えは出ないままだった。なぜなら，心臓は，ある神経に電気を流すと心拍数が上がり，別の神経に電気を流すと心拍数を下げることが発見されたからだった。

1914年，英国のヘンリー・デールは麦角の影響を調査していた。麦角には，聖アントニウスの火と呼ばれた中毒症および中世に流行した舞踏狂の原因とされる有毒な菌がある。デールは，麦角に含まれる「アセチルコリン」という化学物質を単離し，アドレナリンの刺激作用とは逆の，神経抑制効果があることを発見した。それでもまだ疑問は残った。アセチルコリンが神経に作用して信号を送らせているのか？　それとも，シナプスから細胞組織への伝達手段として神経信号がアセチルコリンを作らせているのだろうか？

1921年，この疑問を試験するための試験方法を夢のなかで考えついたのがドイツの研究者オットー・レーヴィだった。実際は，二度，夢に見たそうだが，最初の夢ははっきり覚えていなかったという。レーヴィはもともと，カエルの心臓は体から一度取り出しても生理食塩水に浸せばしばらくは脈を打ち続けることを知っていた。彼はそのような心臓を用意して，脈拍を遅くする神経を刺激した。それから，その心臓を取り出し，神経をすべて取り除いたもう一つの心臓を先ほどと同じ液体に浸した。すると，二つ目の心臓の心拍数はまたたくまに落ちたのだ。レーヴィの実験によってわかったのは，つまりこういうことである。最初の心臓は神経からアセチルコリンを受け取り，生理食塩水に残っていたアセチルコリンが，神経のない二つ目の心臓に作用した。これにて，シナプスの謎は解決された。信号は，わずかな隙間を「神経伝達物質」と呼ばれる化学物質によって運ばれるのである。アセチルコリンとアドレナリンは，数ある神経伝達物質のなかでもっとも初期に特定されたものだった。

神経伝達物質は軸索にある球状の突起内の一つの小胞から放出され，近傍の樹状突起にある受容体によって受け取られる。

ミトコンドリア
受容体
神経伝達物質
再取り込みポンプ
小胞
シナプス間隙
軸索
樹状突起

76 等能性と量作用

1920年代，脳損傷から回復した珍しい症例に刺激を受けた二人の米国人研究者が，脳は損傷した部位と失われた機能を肩代わりするために再編成できるという新しい理論を打ち立てた。

1920年代になる頃には，運動や言語，感覚にかかわる脳の領域がすでに発見されていた。一方で，記憶や知能の中枢がどこにあるのかは特定されていなかった。ワシントンD.C.出身の研究者シェファード・フランツは，その理由を解明したいと考えた。当時，研究者の多くは，記憶や知能の機能は前頭葉でコントロールされていると考えていた。その証拠に，前頭葉への損傷は記憶喪失や知的障害を引き起こすことを指摘した。しかし，フランツは20年にわたり脳を損傷した人や動物の調査を行っており，そのような怪我を負っても再び歩けるようになったり，思考や問題解決能力をかなり取り戻したりする例を数多く目の当たりにしていた。

カール・ラシュリーは，ラットを用いて徹底的に実験を行った。脳を損傷して迷路の通り抜け方がわからなくなった後でも，ラットは再び迷路を覚えることができた。

共同研究

フランツは，ボルチモアで研究していたカール・ラシュリーとチームを組み，ラットを使った研究を開始した。ラシュリーは，複雑な迷路を訓練させたラットをフランツに送り，フランツはラットの前頭葉の一部を切除してラシュリーに送り返した。脳に損傷を負ったラットは，迷路をどのように進んだらよいのか覚えていなかったが，再び学習することができた。この結果から，研究チームは1929年に二つの新しいアイデアを提唱した。一つは，「等能性」といい，脳の健康な部分は，損傷を負って失われた役割を代行できるということ。二つ目は，「量作用」といい，一つ目のアイデアに制限を設けたものであった。すなわち，脳が失われた機能を回復する度合いは，受けた損傷の程度に反比例する。脳全体の機能は，怪我の深刻さによって影響を受けるというものである。

シェファード・フランツは，脳を損傷した患者でも，脳の健康な部分を訓練することにより，麻痺した部位をコントロールできるようになる可能性を唱えた。

77 視床下部

自律神経系の研究が進むと，恐怖や喜び，怒りなどの感情表現における脳と体のつながりについてより深い理解が得られるようになった。

米国の生理学者ウォルター・キャノンが自律神経系の研究を始めたのは，動物が恐怖を感じたり戦闘態勢に入ったりしたときに消化管のはたらきが抑えられることに気づいたのがきっかけだった。キャノン率いる研究チームは，この現象は血流に流れ込むアドレナリンによって引き起こされることを発見した。アドレナリンは，ほかにも血圧と血糖を上昇させる。脅威から逃げたり命がけで戦う態勢を整えたりするためである（闘争・逃走反応）。

さらなる研究により，動物の大脳皮質をすっかり取り除いてしまっても，同じ反応が起きることが示された。実験にはネコが使われた。このとき，いわゆる「見せかけの怒り」も見られた。ネコは毛を逆立て，うなり声を上げて，攻撃した。しかし，真の怒りの場合に見られるような，特定の相手に対してエネルギーを集中させたり，逃げたりすることはできなかった。完全な脳なら，いともたやすくできることである。視床下部を切除すると，見せかけの怒りも現れなくなった。健康で完全な脳の視床下部の後ろ側に電気刺激を与えると真の怒りを誘発できたことから，視床下部が闘争・逃走反応の中枢であることが確認された。

視床下部は，その名が示すとおり，前脳の基盤を形成する視床の下にある。

原始的な行動

次なる急進展は，脳を損傷し，自発的に表情を動かす能力を失った患者らによってもたらされた。患者は，自発的に表情を変えることができなくても，依然として笑ったり泣いたりすることはできた。やがて，高次に位置する脳の部位が，視床下部でコントロールされる原始的な衝動を抑制していることが明らかになった。1930年代，ウォルター・キャノンは，精神疾患は視床下部が正常に抑制されないことによって引き起こされると提唱したが，この理論は20年のあいだに支持を失った。視床下部は「辺縁系」と呼ばれる，より複雑な，新しい感情中枢の一部に含まれるようになったからである。

性による違い

視床下部は脳のなかで，もっとも男女の二形性が認められる領域である。つまり，男性の視床下部と女性の視床下部は違うのだ。たとえば，血中のホルモン濃度に対する感受性の違いがあり，男性の視床下部は，女性の視床下部より長いあいだ成長ホルモンの生成をうながす。

視床下部は，下垂体に成長ホルモンの分泌をうながす。歴史上もっとも身長の高い人間ロバート・ワドローは，身長272センチメートルで，下垂体に過度な活性が認められていた。

78 聴覚の理論

　耳の微細構造は，1850年代に十分明らかにされていたが，その仕組みについては誰もわかっていなかった。音が神経信号に変換される方法については，数多くの理論が提唱された。大きな問題は蝸牛（内耳の奥にある貝殻のような器官）にあり，1930年代になってもなお謎に包まれていた。

　耳がどのように音を処理しているのかについて初めて説明した人物は，ドイツのヘルマン・フォン・ヘルムホルツだった。物理学者としての経歴をもつヘルムホルツは，音響の知識に数学を応用した。そして，自然界に存在する複雑な音も，それぞれの周波数で共鳴する単一の音の成分に分けられることを示した。また，1850年代には，コルチが発見した蝸牛内の柱状細胞は，すべてピアノの弦のように緊張状態にあり，それぞれが固有の周波数を識別すると提唱した。（ヘルムホルツは，ヒトの耳が5,000通りの音色を感知できることを示した。）高い音の周波数成分は蝸牛の入り口付近で感知される一方，低い周波数成分はより奥の部分で感知される。ヘルムホルツの理論は共鳴理論と呼ばれた。しかし，紙面上では筋が通っていても，柱状細胞に大きな違いが見られないとして，解剖学者たちはこれに異論を挟んだ。ビクター・ヘンゼンは，聴覚神経がつながっているのは大型の柱状細胞ではなく，やはりコルチが発見した有毛細胞の先端であることを示して論争を終結させた。

パターン理論

　1891年，オーガスタス・ウォラーは，蝸牛の膜内で音のパターンが作られるというアイデアを提唱した。このアイデアはほかの研究者らに広がり，音は「蝸牛内でさまざまな波長の定常波（膜を上下に動かす波状の動き）に分解され「聴覚イメージ」を作り出すことができる」と説明された。このような理論は実験から生まれたようだったが，「脳内で再現されるのに，耳があえて音を分解することがあるだろうか」と疑問を投げかける者たちもいた。

周波数理論

　別の理論に，ひとつひとつ有毛細胞が音によって刺激され，自然波のように入り混じった周波数のままで振動するというものがあった。この「周波数理論」を証明するのは難しかったが，1930年代，米国の研究者らは，ネコの聴覚神経の電気刺激を記録することに成功した。1932年までには，レオン・ソールとハロウェル・デイビスが，蝸牛の電気活動を記録した。これにより，周波数理論は概して正しいことが示された。実際，蝸牛はマイクロホンに似ており，それぞれの有毛細胞が振動する動きを，対応する電気神経信号に変換する。

耳が脳に音を送る仕組みを解明する研究では，蝸牛に焦点が当てられた。また，蝸牛と接する前庭器官は水準器のようなはたらきをし，体のバランスを保つ役割をしている。体がくるくる回転すると，前庭器官を満たしている液体にわずかな渦電流が生じる。回転を止めてもしばらく目が回っているのは，この電流がなくなるまでに時間がかかるためである。

79 電気けいれん療法

電気ショックは，長いあいだ神経疾患の治療法に用いられていた。ベンジャミン・フランクリンは，ある事故により偶然電気ショックを受け，記憶を失った。

電気ショックは何かしらの方法で脳をリセットでき，悪い記憶を消したり，失われた能力を取り戻したりできるのではないか。フランクリンやほかの研究者たちは，直感的にそう考えていた。1780年代以降，電気ショックが効いたという報告がないこともなかったが，当時行われていたほとんどの電気療法はまったく効果がなかったと考えられる。時は下って1934年，ハンガリーの神経心理学者ラディスラス・メドゥナが，統合失調症患者に対するけいれん療法を導入した。薬を用いてけいれんを誘発するというものである。メドゥナには次のような根拠があった。てんかん患者が統合失調症を併発することはほとんどない。二つの疾患はいわば両極に位置しており，統合失調症患者にてんかん発作を起こさせれば，ちょうどよいバランスが保たれて症状が改善するのではないだろうかと考えたのだ。実際のところ，これは単なる推測にすぎず間違っていた。しかし，1938年，イタリアの精神科医らは電流によってけいれん発作を誘発する方法を取り入れるようになった。神経系を再回復できると信じていたのだ。彼らはまた，電気けいれん療法（ECT）によって記憶喪失が生じることを発見した。効き目は短いが，特定の患者にとっては効果的だった。ECTは，ほかのどの治療法でも効果が得られなかった場合に限り，現在でも，うつ病や躁病の治療に使われている。

> 「あのようなショックを頭に与えられたらどういう結果になるのか，私にはわからない」
> ベンジャミン・フランクリン

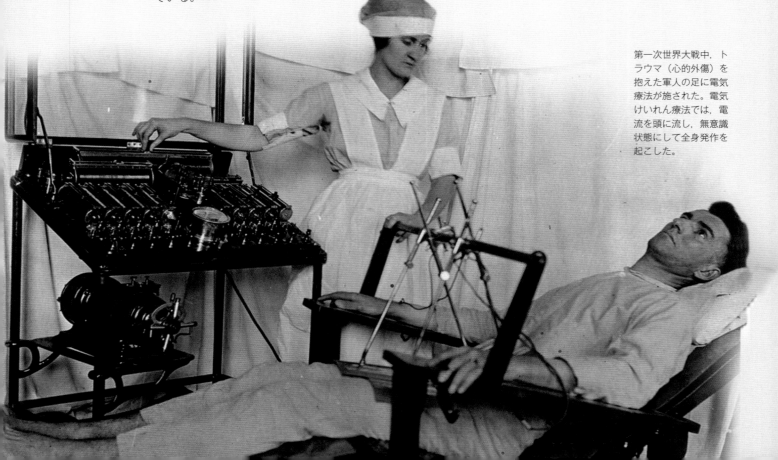

第一次世界大戦中，トラウマ（心的外傷）を抱えた軍人の足に電気療法が施された。電気けいれん療法では，電流を頭に流し，無意識状態にして全身発作を起こした。

80 ロボトミー

電気けいれん療法の研究が続けられるなか，ポルトガルの神経外科医が，前頭葉を切除するというさらなる荒療治を準備していた。

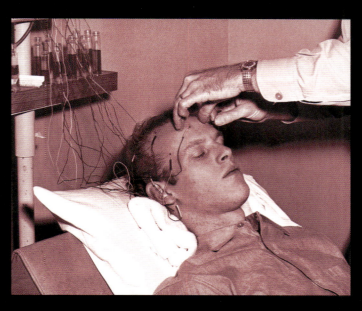

1961年，カリフォルニアの刑務所の受刑者が，前頭葉の外科手術の準備をされているところ。この手術は，今日では行われていない。

その外科医はエガス・モニスといい，脳内血管の画像技術を開発したことで，神経科学界ですでに有名な人物だった。1927年，モニスは脳血管造影法と呼ばれる技術を開発した。脳血管造影法とは，X線を通さない液体を頸動脈から注入し，脳の血管に行きわたらせるというものである。これにより，多くの血管をX線画像に映し出すことが可能となり，モニスはこの技術を使って脳内の腫瘍を特定することに成功した。

前頭葉の切除

脳血管造影法の成功で弾みをつけたモニスは，次なる大進歩を目指していた。1935年，モニスは重篤な精神疾患は，彼の呼ぶところの「固定観念」が，知能の領域である前頭葉に引っかかって頭から離れないことが原因ではないかと思いついた。モニスの考えた解決方法は，前頭葉を切除すればよいというきわめて過激なものだった。この主張を裏付ける証拠を必要としていたモニスは，それを同年に開催された神経科学者たちの国際会議で発見した。怒りっぽくて認識能力の低いチンパンジーが，前頭葉の切除により，たちまちおとなしくなり，ほとんど感情のない生き物に変わったのを見たのだ。いくつかの方面から警告を受けたものの，モニスは同じ処置を自分が担当している複数の患者に施した。1935年11月，うつ病と躁病に苦しんでいたリスボンの女性患者にも，前頭葉切除術を行った。アルコールを前頭葉の白質に注入して神経を破壊したという。

脳の断面スキャン。ロボトミーによって前頭葉のほとんどが破壊されているようすが，黒い空洞として示されている。

モニスはこの技術を「前頭葉白質切断術」と名づけ，不安障害やうつ病の患者には効果的だが，妄想性障害の患者にはほとんど効果がないと発表した。その後，外科医たちは前頭葉の神経を物理的に破壊する手法「ロボトミー」を開発した。10年ほどで，ロボトミーは，重篤な疾患にとって，手っ取り早くて簡単な治療法となった。ただし，患者の人格変化などの副作用はほとんど語られなかった。1950年代までに，ロボトミーと同じ役割を果たし，前頭葉のはたらきを抑制する精神安定剤が発見されると，ロボトミーは徐々にすたれていった。

81 自閉症

現在よく使われている自閉症という呼称は，今では自閉症スペクトラム障害の一つとして位置づけられている。自閉症スペクトラム障害のなかには，ハンス・アスペルガーから名づけられたアスペルガー症候群もある。アスペルガーは，オーストリアの医師で，幼少期に発症する特別な疾患として初めて自閉症を説明した。

心の理論

単純ではあるが，自閉症を理解する一つの方法を紹介しよう。自閉症患者は，自分が思っていることと他人の考えが違うということを理解するのが難しい。これを，「心の理論」が欠如しているという。たとえば，子どもがかくれんぼで遊ぶには，自分たちの居場所をオニは知らないということ，それに自分たちとは違う視点で辺りを見ているということを，隠れている子が理解していないといけない。

「自閉症（autism）」という用語そのものは，病名として使われるよりも前から存在していた。ギリシア語で「自己」を意味する言葉であり，1910年にオイゲン・ブロイラーがこれを病名にしたのだ。ブロイラーは，統合失調症患者が自己の世界に閉じこもるようすを自閉症という言葉で表した。次いで，1938年，ハンス・アスペルガーが，幼少期に見られる別の症状も自閉症と呼ぶべきだと主張した。

自閉症の行動

アスペルガーが診察した患者は言葉や身振りによる意思疎通が困難で，外の世界と距離を置いて「自閉的」に存在することを好んだ。また，長いあいだ，同じ動作を繰り返す傾向にあり，物を並べたり積み上げたりすることが多かった。現在，そのような子どもは「アスペルガー症候群」として診断される。この場合，ほかの子どもたちより優れているといわないまでも，遜色なく話したり問題を解いたりできるが，それでも人との交流が難しく，不慣れな環境では疲れてしまう。旧来の自閉症という用語が今日使われるのは，もっとも深刻な状態で，精神症状にともない運動機能の障害が見られる場合に限られている。また，自閉症スペクトラム障害と診断される患者のなかには，ずば抜けた精神能力をもつサヴァン症候群と診断される人がごくまれにいる。

母親と男性

自閉症は男児に多く，子どもが自我や自己主体感を発達させる3歳前後に発病しやすい。当初は「冷蔵庫マザー」といわれ，母親が子どもに十分な精神的温もりを与えなかったことが原因だとされていた。現在は，自閉症にはさまざまな原因があることが理解されている。ある理論では，自閉症が男児に多く見られることから，自閉的思考は極端な「男性脳」であると指摘する。パターン化が得意だが共感することが難しいのもその特徴の一つだ。一方，それは単に女児患者がそう診断されにくいからではないかと異論を唱える人たちもいる。

> 「科学や芸術で成功するには，いくらか自閉症的でなければならないようだ」
> ハンス・アスペルガー

82 体質心理学

今となっては信じがたい話だが，1940年代，多くの人は体型は性格を表すと信じていた。現在はこれが誤りであるとわかっているが，このような考えは当時多くの人から支持されていた。

ウィリアム・シェルドン。生涯多くの追随者がいたが，近代の研究者たちからはヤブ医者として見はなされている。

体質心理学の分野の先駆者は，米国の心理学者ウィリアム・シェルドンだった。シェルドンは，感情理論を提唱したウィリアム・ジェームズの教え子だったが，より刺激を受けたのはフランシス・ゴールトンの思想に負うところが大きかったようだ。ゴールトンは，知的優位性は頭の解剖学によって判別できると信じていた。シェルドンは，身体的特徴と知的能力には関係があるとするゴールトンの考えを取り入れ，突飛な解釈をした。

シェルドンの主な考えは，人間の胚が三層の細胞から発達することに端を発する。消化器系は内胚葉，筋肉，心臓，血液供給は中胚葉，皮膚と神経は外胚葉を起源とするものだ。シェルドンは，成人の体における各層の支配率を記録して「体型によって分類するシステム」を開発した。内胚葉が優勢の内胚葉性体型の人は肉付きがよく，ひょうきんで愛想がよい。外胚葉が優勢の人は痩せており，神経質で内向的。そして中胚葉が優勢の人はたいへん魅力的で，筋骨たくましく，活発で，精神的にも強い。

ヌード写真

今となっては後知恵となるが，体型による分類システムはあまりにも雑な定型化としかいいようがなく，しかも女性や白人以外の人種をほぼ無視していた。自身のアイデアを裏付ける証拠を提供するために，シェルドンは，ハーバード大学や米国内にあるいくつかのアイビーリーグ校に入学した1年生すべてのヌード写真を撮った。くる病およびほかの骨疾患のデータ収集を行うという名目で，30年に及び，何千もの画像を収集したのだ。しかし実際には，自ら考案した奇抜な理論の裏付けになることを期待して，これらの画像を使って体型データを集めていたのだった。

三つの基本体型。あなたは，どれ？

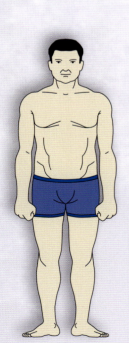
内胚葉性体型

中胚葉性体型

外胚葉性体型

ユートピア

英国の小説家オルダス・ハクスリーはシェルドンの考えをたいへん好んでいた。最後の著作『島』では，このアイデアをもとに理想郷を描いた。体型によって，子どもたちは異なる方法で教育され，大人たちには特定の仕事が与えられるというように，体質心理学をベースにしていた。こうして，ハクスリーは完璧な社会を予想したのだった。

ハクスリーの『島』は1962年に出版された。

83 脳　梁

1940年代，外科医たちは脳を半分に切断するという，かなり大胆な行動に出た。半分に切るということは，つまり，二つの大脳半球をつないで橋渡ししている脳梁を分離するということである。驚くべきことに，多くの場合，たいした副作用は起こらないようだった。

「脳梁」という用語には「強い組織」という意味がある。脳梁は白質であり，二つの大脳半球を結ぶ軸索は2億5,000万あるともいわれている。

脳梁離断術は，てんかん治療の最終手段として考えられた。左右の大脳半球を分離することにより，片側の脳半球で起きた発作がもう片側の脳半球に拡大するのを防ぎ，脳全体を落ち着かせようというのだ。その意味で，この手術は成功した。では，副作用はあったのだろうか？　脳梁の役割については，前世紀から盛んに議論されていた。一つには，このような方法で脳を分離すれば，人格が二つになって，片方の心がもう片方の心と通じ合えなくなってしまうという主張があった。しかし，臨床的知見によれば，その可能性は低いと考えられた。理由はわからなかったがそのような副作用は起きなかったからだ。二つの大脳半球にはもっと複雑なつながりがあるからだろうか。あるいは，心というものが単に別の仕組みではたらくものだからなのだろうか。「脳梁の機能でわかっていることといえば，脳内で発作を広めることだけだ」などという冗談もあったという。

84 半分の脳：半側空間無視

脳梁を切断されていわゆる「分離脳」になった患者は，一見まったく正常に見えた。実際，重篤なてんかんの治療として脳梁を分離した後は，むしろ前より健康になったといえるほどだった。しかし，なかには以前と同じように世界を見ることができなくなってしまった人がいることがすぐに明らかになった。そのような患者は，視野の半分をまったく認識できなくなってしまうのだった。

「分離脳患者」について調べた神経科学者たちは，患者に知能や運動能力の低下が見られないことを確認した。なかには話をするのが困難になった患者もわずかにいたが，その症状はたいてい一時的なものだった。しかし，さらに詳しく調べてみると，患者たちはさまざまな局面で二つの脳を抱えて生きていた。研究室で行われたテストでは，左大脳半球は言葉を使った課題とパズル解きにおいて有意に優れており，右大脳半球は感情処理により深く関係していた。普通は左右の大脳半球がつねに連絡を取り合っているためわからなかったが，脳を分離したことで右脳と左脳に違いがあることが実証されることとなった。分離脳をもつ数少ない患者のなかでも，発作によって脳梁にダメージを受けた場合は特に顕著な影響が見られた。

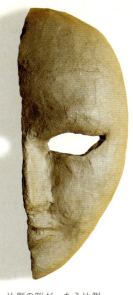

片側の脳が，もう片側から送られる入力情報を無視するということはありうる。

片側を無視する

このような患者は、世界の一部が認識できないことに悩まされていた。体の片側およびそちら側に見えるはずのあらゆるものを無視してしまうのである。この症状は1940年代から明確に説明できるようになった。右図のような簡単で非対称の絵を患者に書き写してもらうのだ。右大脳半球に損傷を負った患者は、絵の右側だけしか描かない。この「半側空間無視」の原因は、今もなお議論されている。感覚器からの情報がしかるべき実行領域に届いていないからだともいわれているし、対象物に注意を向けるという機能を担う脳の領域（主に頭頂葉）が片側しかはたらいていないからだともいわれている。分離脳患者の一例で驚くべきは、生まれながらに脳梁を欠損し、映画『レインマン』のモデルとなったキム・ピーク（1951〜2009年）である。キムは2枚のページに書かれている文章を同時に読み取ることができた。しかも、すべて記憶できてしまうのだった。

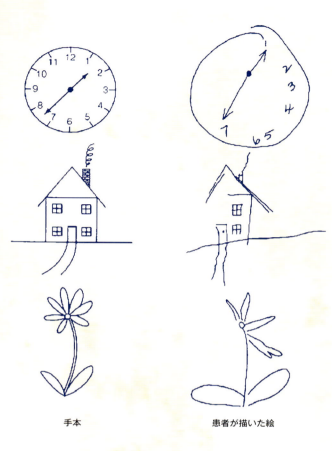

手本　　　患者が描いた絵

85 音を聞く脳

耳からの信号を処理する脳の領域は、長いあいだ発見されていなかった。しかし、1946年、その部位がようやく明らかになった。しかも、同時に、複数の場所に存在していた。

人工内耳は、耳を介さずして電気信号を直接聴覚皮質に伝える。

聴覚皮質の位置を特定する道のりは、蝸牛（かぎゅう）から伸びている神経を追跡するところから始まった。これらの神経は、まず視床に、次いで側頭葉上部に続いていた。サルの脳でこの領域を刺激すると、サルは大きな音を聞いたかのように首を回すことは、1876年にデーヴィット・フェリアーが発見していた。しかし、聴覚皮質の正確な位置はまだ謎に包まれていた。サルの頭頂葉を切除するなどの実験だけでは、サルの耳を聞こえなくすることも、音に対する反応を失わせることもできなかったのだ。新たな研究方法として、蝸牛にさまざまな電気的刺激を与え、側頭葉に現れる活動をそれぞれマッピングしようというアイデアが生まれた。そして1946年、聴覚中枢は一つではなく、脳内に二つ存在することが発見された。どちらも特定の周波数帯の音を選択的に処理するものであった。ただし、音調を表すマップは互いに逆の順番に配列していた。その後、さらに関連のある聴覚領域が四つ、側頭葉付近に発見された。

86 行動主義

1940年代も終わる頃，哲学者も心理学者も神経科学者も，ヒトの心に興味があるという点では共通していたが，みながみな同じ研究をしていたわけではなかった。

脳は高次の実行機能を有するが，とりわけ人間には心というものがある。心の研究が行われたということは，ヒトの脳が思考や感情といった秘められた活動をしているという考えが受け入れられていたことを暗示している。しかし，1940年代まで，このような思想は長らく否定されていた。問題は，英国の哲学者ギルバート・ライルが行った1949年の研究に要約される。彼いわく，心の哲学者たちはデカルトの時代から思い違いをしている。デカルトは「二元論者」で，心と体は別々のものであると信じており，この思想がデカルト以降の科学者たちの人間観に大きな影響を与えたのだ。ライルは，彼らのような思想を「機械のなかの幽霊」と表現した。

徹底的行動主義

心理学者のB.F.スキナーは，また別の視点から異なる取り組みを示した。彼は，思考あるいは認識が体を支配しているという証拠はないと主張した。これを証明するために，スキナーはハトなどの「ろくに口もきけない」動物を調教して複雑なタスクを行わせる方法を開発した。彼が調教したハトは，「賢い」類人猿や類似の動物の行動を模倣するようになった。ハトが類人猿と同じくらい賢いからだという人は誰もいなかった。スキナーは，認識（ヒトの心も含む）に頼らずとも，脳は行動をコントロールすると提唱した。自由意志というのは幻想でしかなく，どんな行動も過去の因果関係に基づいているのだという。私たちは報酬を受け取るため，あるいは報酬を失わないために行動する—ちょうどハトがそうしたように。このような考えは「徹底的行動主義」として知られている。この理論に反論するには，認識，記憶，知識および思考を物理的プロセスに関連づけるしかない。

B.F.スキナーは，「スキナー箱」を使ったオペラント条件づけ（報酬や罰に反応して自発的にある行動を学習すること）の実験を行い，心と体が同時にはたらくことを示して大論争を巻き起こした。

> **カテゴリー錯誤**
>
> ライルが後世に貢献したものの一つに「カテゴリー錯誤」がある。心と脳について同列に論じることが可能だからといって，これらが同じカテゴリーに属するわけではない。これをカテゴリー錯誤という。

ジェーン・グドールなどの霊長類学者の説明によれば，動物には認知能力があると推測できるが，それを証明することはできない。

87 辺縁系

limbicはラテン語で「へり」という意味があり，辺縁系（limbic system）とは大脳半球の内側に弓状に存在する脳組織の集合体のことをいう。どの範囲まで辺縁系に含めるかはまちまちであるが，私たちのもっとも深い欲求や感情に関与しているとされる複数の構造物からなる。

1940年代に研究を率いたポール・マクリーンによれば，辺縁系は一番上の帯状回から一番下の海馬を含む。あいだには，脳弓，乳頭体，扁桃体，視床前核が存在する。

辺縁系を発見したのはポール・ブローカである。彼は，脳の深部に，視床を取り囲み，視床と大脳半球に挟まれるように存在する大きな辺縁葉を確認した。ブローカは，これが嗅覚と関連するものであると考え，同じような形状の構造物がすべての哺乳類の脳に見られることを指摘した。このことから，辺縁系は，もともと組み込まれている感情回路のようなもっとも動物的な機能を担う，原始的で本能的な脳であると考えられるようになった。

脳の三層構造

このアイデアを最初に提唱したのは，1937年，米国のジェームズ・パペッツであった。パペッツは，人間らしさをつかさどる層の下には動物的欲求があるとした19世紀の研究者ジョン・ヒューリングス・ジャクソンと同じ考えをもっていた。そしてポール・マクリーンが研究を引き継ぎ，1949年，ヒトの脳が三層からなることを示した。「爬虫類脳」は脳幹で，基本的な繰り返し作業を制御する。「旧哺乳類脳」は辺縁系で，ブローカが提案したように嗅葉（嗅覚にかかわる領域）を含む。「新哺乳類脳」は大脳半球で，あらゆる高次の機能をつかさどる。マクリーンいわく，各層のあいだには主な連絡回路がないため対立することも頻繁にある。辺縁系の仕事は，たとえば食欲や性欲といったもっとも基本的な行動を制御することである。また，危険な場面など，状態の変化に対応するために感情のスイッチを入れたりもする。

辺縁系により幸福感に満たされるのは，成功した行動に対して脳自体が報酬を与えているためと考えられる。同様に，学習も強化される。また，辺縁系は，分刻みの短期記憶にも関与している。

88 ブレインマシン

　1949年，脳のさらなる理解に向けて，ある戦いの火ぶたが切って落とされた。行動をコントロールするには，どれだけ複雑な神経系が必要なのか。この戦いに決着をつけるため，ロボット軍団が実験に投入された。結果，脳はそれほど複雑である必要のないことが示された。

次世代カメロボットによって，神経科学者ウィリアム・グレイ・ウォルターが始めた研究が継続されている。

　脳の研究にロボットを使った人物は，ウィリアム・グレイ・ウォルターだった。ウォルターは，動物に見られるさまざまな行動には，大きくて複雑な脳を必要としないのではないかと考えていた。これを証明するために，彼は今までに類を見ない，世界で初めての自動ロボットを構築した。助手たちはロボットにいろいろな名前をつけた。ウォルターは当時「マシナ・スペクラトリクス（電子カメ）」と呼んでいたが，先行試作品のエルマーとエルシーのほうが，名が知られていた。開発していたタイプのロボットが「カメ（tortoise）」と呼ばれるようになったのは，ロボットが「いろいろ教えてくれた（taught us）」からであり，また，保護カバーを背負ってのろのろ動くからでもあった。最終的には「カメロボット」となって，おもちゃや教育ツールといったものとして使われている。

「生物学において，学習のメカニズムはもっとも魅力的で不可解な謎である」
ウィリアム・グレイ・ウォルター

単純な行動

　ウォルターはロボットに「感覚器」を装備した。たとえば，ロボットが光を感知し，物体によって光がさえぎられたら向きを変えるようにプログラムした。動きはいずれもランダムなのに，ロボットは充電器から放たれる光を探し当てることができた。自ら発する光にも反応するように設定されたあるロボットなどは，物体からの反射光に引き寄せられもした。「それはまるでナルキッソスのようだった」とウォルターはいった。〔ナルキッソスはギリシア神話に登場する美少年。泉の水に映った自分の姿に恋をして，満たされない思いにやつれ死んだといわれる。〕

　ウォルターは，スキナー箱を用いた動物の条件づけと同じ技術を使い，ロボットに学習させることに成功した。圧力や光，音など，特定の刺激に対して反応する反射回路を加え，ロボットが反応によって行動を変えることを示したのだ。ロボットは初期状態よりも「より優れた」頭脳をもつようになった。しかし，ひとたび反射回路を遮断すれば，初期の能力レベルに戻ってしまった。今日，ウォルターは人工知能（AI）の創始者として称賛されている。コンピュータはオン/オフのスイッチによってコントロールされるデジタル方式だが，脳は単なるオン/オフの反応に限らず，刺激の強さを変化させるアナログ方式であるとウォルターは主張した。

89 認知行動療法

1950年代半ばになる頃には，精神疾患のための新しい治療法が確立されようとしていた。薬を使って脳の機能を変えるのではなく，ディスカッションやカウンセリング，行動療法を組み合わせることにより，特定の問題に対してバランスの取れた考え方ができるようにさせる方法である。

現在行われている認知行動療法（CBT）とは，「会話療法」と呼ばれる治療法の主なものであり，投薬や手術による治療を含まない心理療法をいう。うつや不安といった気分障害のための短期的治療を目的として，薬物療法と併用されることが多いが，より複雑な症状に用いられることもある。その呼称が示すとおり，認知行動療法は，これまで行動療法および認知療法と呼ばれていた二つの心理療法を合わせたものである。

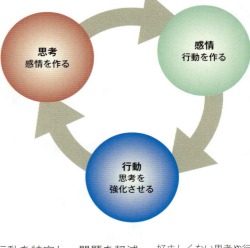

行動パターンの見直し

ごく簡単にいうと，行動療法は，B.F.スキナーが開発したスキナー箱から得た知識を応用しようというものだった。療法士は患者が排除したいと思う望ましくない感情とかかわりのある行動を特定し，問題を軽減できそうな代替行動を提案する。この療法では，好ましい行動に対してほうびが与えられ，好ましくない行動に対して罰が与えられる。たとえば，よい行動をしたらポイントを増やし，悪い行動をしたらポイントを減らすというようなシンプルなやり方でもよい。ただし，ほうびは実際に手に取れるもののほうがよいと推奨されている。徹底的行動主義に基づけば，患者は病気のことについて考えることなく治療することができる。

認知療法は，フロイトの考えた技術に端を発している。認知療法を行う医師は，好ましくない患者の思考方法を探し，問題となっている事柄について患者がよりよい見方ができる方法を探す。このアプローチは，1950年代に，二人の米国人心理学者アルバート・エリスとアーロン・ベックが同時に考案した。1990年代になる頃には，それぞれの技術を単独で使うよりも組み合わせたほうがうまくいくということが示された。

アルバート・エリス。1950年代に開発を手掛けた認知行動療法の診療のあいまに休憩しているところ。

好ましくない思考や行動は病的な感情から生じ，そしてまた病的な感情につながる。認知行動療法では，このようなサイクルを断ち切ることを目的としている。

90 活動電位

神経機能において電気が重要な役割を担っていることが1970年代に示されてからというもの、脳における電場の役割について数多くの研究が行われてきた。ニューロン説では、脳内で神経信号が細胞間を移動する仕組みを説明し、それには電気インパルス〔軸索の内側の電位が急激に正になった後、またもとの負に戻る変化。活動電位ともいう。〕が関与しているとした。ただし、電気インパルスがどのように作られるのかについてはわかっていなかった。

ルイージ・ガルヴァーニによって、筋肉と神経が何か動物電気のようなものによって動かされていることが示されたのは18世紀の終わりだった。以来、電気は神経科学においてもっとも価値のある研究ツールの一つとなった。おかげで、運動皮質や感覚皮質が発見され、耳の機能が明らかになり、脳波検査法が開発された。しかし、神経細胞が電気信号を発生させる具体的なメカニズムは謎に包まれていた。突破口が開かれたのは、二人の英国人研究者がイカの神経細胞を研究し始めたときだった。

二人の研究者たちの名は、アンドリュー・ハクスリーとアラン・ホジキン。彼らは研究対象にイカを選んだ。イカの体のなかには太い神経線維が通っていて、巨大な軸索があるからだ。ハクスリーとホジキンは「膜電位固定法」と呼ばれる技術を使って、この巨大な神経を詳細に研究した。簡単にいうと、彼らは軸索の電位を変え、神経細胞を出入りする各種化学物質の動きを測定したのだ。特に注目したのは「イオン」と呼ばれる電荷をもった粒子だった。二人の研究は1935年に開始されたが、第二次世界大戦によって中断された。平和が戻ったとき、ドイツ出身のバーナード・カッツがさらに研究を進め、チームは1952年にその研究成果を発表した。神経細胞はたいてい静止状態にあるが、信号を送るときにはナトリウムイオン、カリウムイオン、塩化物イオンを使って活動電位を起こし、その興奮を軸索に沿って伝えていく。このプロセスは一度始まると止まらないことから、「全か無かの反応」と名づけられた。

> 「動物学者は動物間の違いを嬉しく思うが、生理学者はすべての動物が基本的に同じ方法で動くことを好む」
> アラン・ホジキン

電気インパルスとは、神経細胞の軸索部分の内側と外側の電位の違い（電位差）により次々と伝わっていく興奮のことをいう。これは、細胞内外に存在する荷電粒子の一連の動きによって作られる。

イオンの移動

神経細胞が「静止状態」にあるとき、細胞の内側は負の電荷、細胞の外側は正の電荷を帯びている。これは特定のイオンが細胞に出入りできない仕組みになっているためである。正電荷のカリウムイオンは細胞膜をどちらの方向にも自由に移動できるため、細胞内外の電荷の違いを等しくするために移動することができる。しかし、負電荷の塩化物イオンは細胞の外に出られないようになっているため、細胞内には負電荷が蓄積される。さらに、軸索はカリウムイオンが細胞内に入るよりも早く、正電荷のナトリウムイ

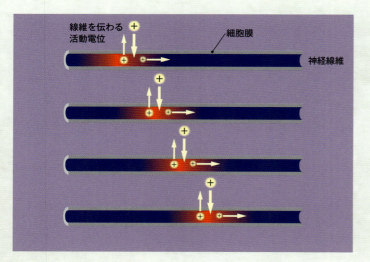

1950年から現代 * 101

始まりと終わり

活動電位は軸索のなかで発生する。活動電位は，神経細胞の細胞体からの刺激によって生じる化学的変化を受けて発生し，軸索の先端まで電気信号を伝える。信号は軸索の先端で神経伝達物質に姿を変え，シナプスを越えて次の細胞に移動するとそこで再び化学的変化を起こす。近傍の細胞は，そうやって受けた刺激によって新たに活動電位を発生させることもあれば，活動電位を発生させないこともある。

オンを積極的に細胞の外に出している。これにエネルギーが必要であることが，脳が全身のエネルギー供給の20%を消費している理由である。脳は何もしていないときでさえ（もちろん，まったく何もしていないときなどないのだが），エネルギー供給を必要とするのである。

活動開始

軸索の静止電位は-70ミリボルト(mV)である。軸索に電気信号を送る指令が下ると，神経細胞からの化学的刺激を受けて，細胞の本体部分に近い軸索の細胞膜に存在するチャネルが開かれる。これにより，ナトリウムイオンは細胞内に自由に戻れるようになる。するとこの軸索内部の電位が変化し，電位が閾値（-55ミリボルト）を超えると，さらに多くのナトリウムチャネルが急速に開かれる（脱分極）。軸索の極性は入れ替わり，細胞の外側が負電荷で内側が正電荷となる。このように極性の逆転現象が突如起きた後は，ナトリウムイオンが細胞の外に出されて，正常な静止電位状態に戻る仕組みとなっている。しかし，この極性変化の影響は軸索に沿って拡散し，同様のプロセスを何度も繰り返して「活動電位」が移動してゆく。このように活動電位（電気インパルス）は神経線維を伝わっていく。電気から作られてはいても，電気インパルスは電流のように光の速度では移動しない。速度はさまざまで，速いとされる白質内でも秒速1〜12メートルほどである。

運動神経の活動電位は，筋線維を収縮させる。収縮のプロセスは，神経細胞が荷電したイオンの動きによって活動電位が生じるプロセスと似ている。発汗などにより，これらのイオンが欠乏すると筋けいれんが生じる。

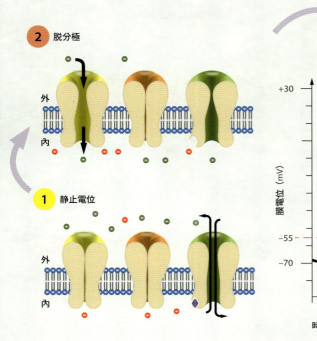

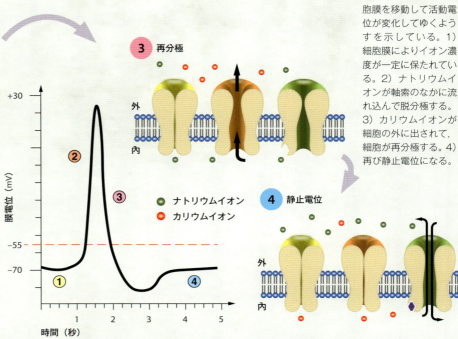

この4ステップの図は，イオンが軸索の細胞膜を移動して活動電位が変化してゆくようすを示している。1)細胞膜によりイオン濃度が一定に保たれている。2)ナトリウムイオンが軸索のなかに流れ込んで脱分極する。3)カリウムイオンが細胞の外に出されて，細胞が再分極する。4)再び静止電位になる。

91 睡眠周期

まぶたの下にある眼の動きによって，その人が夢を見ているのかどうかがわかる。この報告を受けたシカゴ大学のある学生が，それを自ら確かめたいと考えた。彼は人々のまぶたを夜通し観察した。やがて指導教授も加わり，睡眠者の脳の活動を記録するようになった。そうして，二人は睡眠周期を発見した。

これは，生理学部の学生ユージン・アゼリンスキーとナサニエル・クレイトマン教授の研究チームの話である。彼らの関心を引いたのは，良質の睡眠法について1938年に本を書いたエドモンド・ジェイコブソンの主張だった。ジェイコブソンは夢を見ているときに眼が動くと述べ，写真で記録をとっていた。これらの記録は1953年まで失われていたため，アゼリンスキーは最初からやり直した。これをまとめた博士論文は，レム（REM，急速眼球運動）睡眠に関する初めての文献と見なされている。のちの研究で，クレイトマンは，レム睡眠中に脳波計で記録される脳波が，起きている人の脳波に似ていることを示した。睡眠試験では，レム睡眠中に起こされた被験者は夢を見ている最中だったと報告した。一度も夢を見たことがないと主張していた人々でさえ同じことをいった。クレイトマンとアゼリンスキーは，夢を覚えていないことはあっても，誰もが夢を見ることを示した。

睡眠研究所

さらにウィリアム・デメントが加わった研究チームは，被験者をモニタリングする機器一式を睡眠研究所に用意して，心拍数や体温，眼球運動（左右両方），いびきの大きさ，筋肉の電気活動を記録するとともに，脳波の変化をモニタリングした。一晩の睡眠だけでも脳波計の記録紙は800メートルにも及んだ。

「眠りがぼくの脳にキスをして
ぼくは眠りの仲間になった
時の涙を落としたら
眠るものの目が光となって
月のようにぼくを照らした」
ディラン・トマス

なぜ幽霊が見えるのか

およそ40％の人は生きているあいだに覚醒発作（かなしばり）を経験する。覚醒発作では，目は覚めているのに動けない。なぜかというと，筋肉が麻痺しているレム睡眠時に意識が戻ったからだ。珍しいケースでは，覚醒発作のときに幽霊を見たと報告する人がいる。一説によると，これは自身の体のイメージモデルを構築する脳に混乱が生じるためである。脳は体が麻痺していることに気づけず，体のイメージを間違った位置に投影した結果，幽霊のような人影を作り出すという。

クレイトマンらは，不眠や過眠に悩む人たちの原因を明らかにするためにこの機器を使った。睡眠パターンに対する日光の影響を調査するときは，ケンタッキー州マンモスケーブの暗闇や海中の潜水艦にまで機器をもって出かけた。

夢を見ているとき

　この研究によって，毎晩の睡眠はあるパターンに従っていることが明らかになった。これは睡眠周期と呼ばれ，大ざっぱにいうと，ノンレム（NREM）睡眠の合間にレム睡眠が現れるものである。一周期は100分ほどで，通常，夜間に複数の周期が繰り返される。最初はノンレム睡眠が主体だが，次第に，レム睡眠の時間帯が長くなっていく。神経科学者のなかには，脳には起きて意識がある状態とレム睡眠の状態およびノンレム睡眠の状態という三つの状態があると主張する人がいる。（意見の一致は得られていないが，別の異なる睡眠状態があるという説もある。）

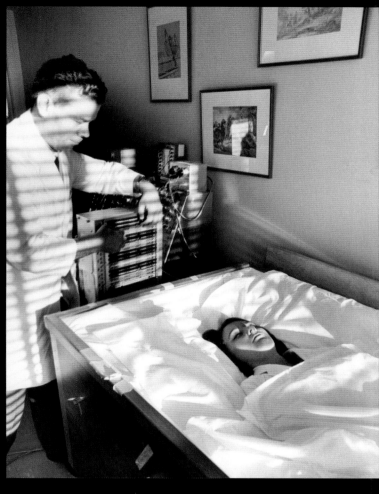

1970年代に建てられた睡眠研究所では，ウォーターベッドに被験者を寝かせ，無重力の感覚を作り出して睡眠の質を試験した。

　睡眠周期は明確なステージから成り立っている。ステージ1はおよそ10分間。寝入りばなで，簡単に目覚めることができる。筋肉はまだ動くし，ピクピクすることもある。眼球はぐるぐる動いて，ときには開いたり閉じたりもする。脳波は安静に覚醒しているときのアルファ波から睡眠のシータ波に変化する。ステージ2では，シータ波が占め，筋肉はリラックスしている。目覚めさせるのはかなり難しい。このステージは成人の全睡眠時間の約半分を占める。

　ステージ3（ステージ3とステージ4に分ける人もいる）は深い眠りである。このときがもっとも体を休めているステージであり，外的刺激に反応することは滅多にない。もっとも深い眠りはその夜最初の睡眠周期にあり，約45分間続く。ステージ3の終わり，入眠後約90分後にレム睡眠がやってくる。眼球は動き始めるが，体のほかの部分は事実上麻痺している。これは夢を実行に移さないためかもしれない。脳波は覚醒時の脳波に似てくる。そして心拍数と呼吸数は不安定になる。しかし予想に反して，この時間帯に寝ている人を起こすのがもっとも難しい。夢はだいたい10分で終わり，すぐにステージ2に戻る。（もし夢の途中で目覚めたらステージ1に戻る。）睡眠時間の経過とともに，レム睡眠の時間帯が長くなり，深い眠りは少しずつ減って，体は目覚める準備をする。

92 記憶痕跡

行動主義者は，学習に精神的要素は存在せず，私たちが意識的に決断をしていると思っているのは錯覚であるといって神経科学に挑戦状を突きつけた。真実であると信じているものもいたが，これを証明するには，記憶や知識にかかわる物理的実体を突き止めなければならなかった。

それが何であるか誰も知らなかったが，記憶の物理的実体にはすでに「記憶痕跡（エングラム）」という名前がつけられていた。この仮説的実体を明らかにしようという初期の研究者に，カール・ラシュリーがいた。ラシュリーは米国の神経科学者で，シェファード・フランツとともに，脳の可塑性を明らかにした。ラシュリーの研究では，すべてのエングラムが1箇所に保存されてはいないこと，そして脳の一部を切除するなど部分的な損傷を受けたときには脳のほかの部分が記憶の残骸をつないで復元できることを示した。これにより，記憶はいくつもの神経細胞ネットワークに蓄えられるというアイデアが生まれた。

エリック・カンデルは，学習と記憶に関する化学的活動に関する研究で2000年にノーベル賞を受賞した。

同期発火

1949年，カナダの心理学者ドナルド・ヘッブは，「記憶の細胞ネットワーク」が形成されるメカニズムを「同時に発火した細胞は密接に結びつく」と説明した。言い換えれば，特定の神経集団に繰り返し信号が伝達されると，それらの結びつきが増強されるということだ。何か新しいことを学ぶときは，学習したことを思い出したり繰り返し行ったりする。すると細胞間の結びつきが十分に維持されて，脳は記憶として残る細胞ネットワークを構築するのだ。

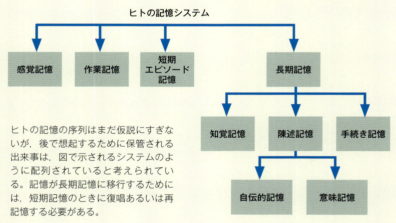

ヒトの記憶の序列はまだ仮説にすぎないが，後で想起するために保管される出来事は，図で示されるシステムのように配列されていると考えられている。記憶が長期記憶に移行するためには，短期記憶のときに復唱あるいは再記憶する必要がある。

しかし，この考えは1960年代後半にエリック・カンデルの研究が行われるまで仮説にすぎなかった。カンデルは，メリーランド州にある政府の医学研究所ではたらきながら，アメフラシを用いた神経細胞の生化学的活動の研究を行い，細胞ネットワークが「記憶している」ときに生じる化学物質の変化を解明した。この研究は，学習に関するヘッブの理論を支持する最初の証拠となった。

では，脳は何を記憶しているのか？ 脳にはいくつかの記憶があると考えられている。感覚記憶は1秒よりも短いあいだ情報を保持する。作業記憶（ワーキングメモリー）は，今あった出来事の詳細を1分間くらい覚えていられる。エピソード記憶は同様に短期の記憶で，個人的に体験した出来事を年代順に記録するものである。これらの短期記憶のなかから，いくつかの記憶は長期記憶に転送され，事実や出来事，行為として整理される。

驚いたことに，アメフラシはヒトと同じくらい学習することができるし，使っている生化学的反応も同様である。

93 昏睡

重篤な脳損傷では昏睡,すなわち意識のない状態が長期間続く場合がある。1974年,昏睡の深さを測定する試験的な指標が開発され,その原因究明に役立った。

大きな音や,つねったり針で突いたりするなどの痛覚刺激があっても意識不明で目覚めることのできない人を昏睡状態にあるという。昏睡状態の人の脳は,深い眠りや夢を見る通常の睡眠サイクルとは異なり,体の位置を変えることもない。昏睡は脳損傷が原因のこともあるが,ほとんどは不正薬物による中毒や酸素欠乏によって生じる。

スコアによる評価

医師たちは,臨床医の手に負えない患者に対して,その状況を把握するためには,どのような症状に目を向けるべきかを整理した。利用された主なシステムは,1970年代に開発されたグラスゴー・コーマ・スケールだった。これは患者の光や音に対する反応および筋肉を使う能力に応じてスコアをつけるものである。8以下のスコアで,昏睡状態と見なされる。スコアが3の場合は,臨床的に脳死とされる。注意点として,医師は「閉じ込め症候群」かどうかを見極める必要がある。脳幹を損傷すると,たとえ患者に意識があっても昏睡と同じスコアになる場合があるからだ。

グラスゴー・コーマ・スケール

行動	反応	スコア
開眼反応	開眼している	4
	呼びかけで開眼	3
	痛み刺激で開眼	2
	開眼せず	1
最良言語反応	見当識良好	5
	混乱した会話	4
	不適当な言葉	3
	声は出るが言葉がいえない	2
	発声せず	1
最良運動反応	命令に従う	6
	痛み刺激の場所を手足で払いのける	5
	痛み刺激から手足を逃避する	4
	痛み刺激に対し手足を異常屈曲	3
	痛み刺激に対し手足を異常伸展	2
	運動反応なし	1
合計スコア	最良反応	15
	昏睡状態	8以下
	完全に無反応	3

姿 勢

昏睡患者は,損傷により脳に圧力がかかることが原因で,しばしば異常な姿勢をとる。こうした姿勢は,介護者にとって面倒ではあるが,一方で,脳内のどこにどれだけ深刻な損傷があるのかを示す指標になる。ミイラベビーと呼ばれる除皮質姿勢は,大脳半球か中脳に問題があることを示している。除脳姿勢はさらに深刻で,運動反応でより低いスコアを示し,脳幹に損傷があることを示している。三つ目の姿勢は後弓反張で,全身が反り返り,脊髄損傷と関係している。

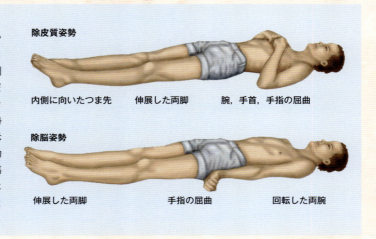

除皮質姿勢
内側に向いたつま先　　伸展した両脚　　腕,手首,手指の屈曲

除脳姿勢
伸展した両脚　　　　　手指の屈曲　　　回転した両腕

94 ポジトロン断層撮影法（PET）

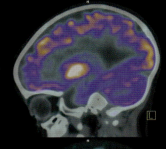

血管造影図や脳電図など，多くの画像技術が発達したことにより，脳の構造を示すことが可能になった。しかし，脳の活動部位を示す技術は1970年代まで存在しなかった。そこに登場したのがPETスキャンである。

PETスキャンは1976年に実用化された。検査には，ポジトロン（陽電子）を放出する同位体を含む，生物活性のある薬剤を注射する必要がある。この放射性トレーサー分子の種類は，検査する臓器によって選択される。脳スキャンにはブドウ糖がよく使われる。標識されたブドウ糖が脳内に集まったところで，スキャンを開始する。スキャナーは，ポジトロンが電子と衝突すると放出するガンマ線を読み取る。スキャンされた画像を見れば，脳のどの部分でブドウ糖が消費されているのかがわかるというわけだ。最新のスキャナーでは，脳の三次元画像の作成も可能だが，それ以上に大きな発見といえるのは，PETスキャンによって，生きている患者の脳の活動部位を特定できるようになったことである。

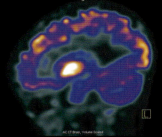

明るい色の領域は，ブドウ糖が消費され，脳にエネルギーを供給している箇所を示している。

95 アイデンティティ

認知科学とは，哲学とコンピュータ科学を神経科学に統合させた幅広い研究分野である。1980年代の哲学者たちは，「心はどのようにそれ自身を認識するのか」という古くからの疑問に立ち戻っていた。ただし，このときは答えを見つけるために神経科学の助けを借りた。まずは人格の同一性（アイデンティティ）から始めるのがよいだろう。

ヒトは年とともに老いていく。では，各年代において頭のなかは同一人物のものだといえるだろうか？

双子のロボット

石黒浩は、生まれたときは双子ではなかったが、自ら双子を作った。「ジェミノイド」というロボットだ。（石黒とそっくりな見た目になるよう、つねに調整される。）石黒はしばしばジェミノイドを出張先に送り、彼の代わりに会議に出席させる。ロボットは体を提供し、テレビ会議技術によって、双子のうち人間のほうの頭脳が会議に立ち会う。

17世紀、英国の哲学者トマス・ホッブズはテセウスの船と呼ばれる問題について叙述した。テセウスというのは、ギリシアの英雄である。あるとき、テセウスは自分の船を修理しなければならなくなった。古い甲板やロープ、帆が取り除かれて、新しいものに換えられた。船はとても古かったので、結局もともとあった構成部品のすべてが新しいものに置き換えられた。一方で、ある造船工が、この古い部品をそっくり集めて船を丸ごと組み立て直した。どちらの船も出航した。さて、テセウスの船はどちらだろうか？　もとの材料から作られたほうだという人もいるかもしれない。しかし、新しい船に乗っているテセウスは、この意見に反対するだろう。ホッブズは、同一性は物理的な実体によって定義されないと指摘した。ではここで、時間を400年進めて、現在の私たちにも同様の質問をしてみよう。たとえば体について。皮膚や血液など、体のさまざまな部分はつねに新しく生まれ変わっている。それでも、私たちの体は生まれたときと同じ体だといえるだろうか？

心の中身

1984年、英国の哲学者デレク・パーフィットは、人間の同一性について繰り返し考えた。パーフィットは、人体をある惑星から別の惑星に移送できる装置を想像した。この装置に不具合が生じて、まったく同じ人物が二人移送されてしまう。さて、オリジナルはどちらだろう？　二人とも同じアイデンティティをもっているのだろうか？　パーフィットは同一性に関するジョン・ロックのアイデアを引き合いに出し、私たちの多くが考えるように、移送された宇宙飛行士二人の同一性は同じ自伝的記憶の集合から構成されていると推測した。ただし、それは二人が互いに出会う瞬間までに限られる。

この思考実験は、同一性（私たちの自意識）は今現在にのみ存在し、生きている瞬間ごとに変化するということを示している。しかし、私たちはそれをあたかも存在し続けているかのようにとらえている。パーフィットは、これは私たちが生存本能によって作り上げたものだと唱えた。即座に判断したり、やや長い時間をかけて問題を解決する際、私たちは過去の出来事に関する記憶に頼る必要があるからだ。このプロセスこそが、個人の歴史をつなげている。私たちは、自身を特徴づける基本的な事実を所有することではなく、過去に達成したことを思い出すことでしか自分自身を知ることができない。では、こうした考えは、神経科学から得られる証拠とつじつまが合うのだろうか。

判定

脳スキャンによれば、私たちの自意識はちょうど脳前方に存在する前頭前皮質内側で形成されることが示唆された。たとえば「見知らぬ人に親切か」など、被験者が自己評価する質問をされたとき、この脳領域がはたらいて、答えを導くべく関係のある記憶を処理し始めるのだ。その答えが合っているかどうかは重要なポイントではない。これに対して、被験者が基本的事実について考えているときはこの脳領域は活動しない。

興味深いことに、前頭前皮質内側は人が「何もせずに」、ただ頭に浮かんだことについて考えているときにもっとも活動する領域の一つである。この領域が生涯の記憶をひとつひとつ刻みつけているという考えもあるが、これは意見の分かれるところである

テレポーテーション（移送）

未来学者がいうことには、テレポーテーションは「科学の問題ではなく、工学技術の問題」だそうだ。言い換えれば、体をある場所から別の場所に転移させることは可能だが、その方法を今一つ把握できていないだけなのだ。このプロセスでは、体を壊し、別の場所に寸分違わず組み立て直す必要がある。この場合、一度は死んで、再び生まれるということになるのだろうか？　それとも、完全に別人になるということだろうか？

96 機能的磁気共鳴画像法（fMRI）

　1992年，脳の活動をスキャニングする新しい手法として，機能的磁気共鳴画像法（fMRI）が開発された。生きている脳内の活性をリアルタイムで画像化できるため，脳機能イメージングに用いられる技術の一つとなっている。

　MRIとは，1970年代に初めて使用された磁気共鳴画像法の略称である。MRIは，体内の分子に組み込まれているものも含め，水素原子が非常に強力な磁場ではきれいに整列するという性質を利用したものである。体のある特定の部位で規則正しく並んだ水素は，電磁波を照射することで配列が乱される。これらの水素原子は，もとの正しい場所に戻るときに自ら電磁波を発するので，これをスキャナーで読み取る。後は，非常に優れたコンピュータプログラムが，読み取った信号を体内の軟組織の画像に変換してくれる。

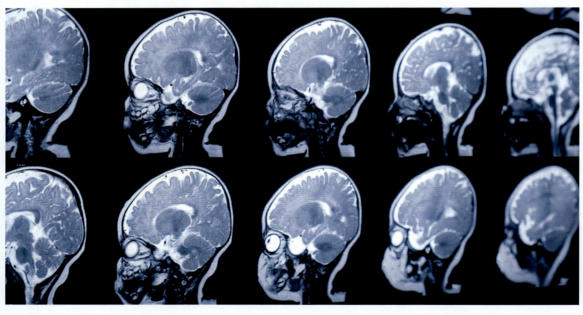

これまでのMRIスキャンでも，脳や体の断面図を得ることができるが，最新のスキャナーではさらに活動中の脳のリアルタイム動画を作り出すことができる。

　fMRIのfは「機能的」という意味で，酸素を多く含む血液と酸素が欠乏している血液をスキャナーが区別できるように新たに開発されたものである。脳細胞にはエネルギーの蓄えがないため，活動している際は，その領域を流れる血液から酸素を消費する。fMRIは，この変化が起きている領域，すなわち，その瞬間に活動している脳領域を強調することができる。MRI本体は極低温に冷やされた管状の磁石であり，測定には大きな音をともなう。しかし，研究被験者たちはMRIのなかで何時間も耐え，指示された試験を繰り返した。少しずつ，fMRIはさまざまな脳領域のはたらきを解明するのに役立てられるようになっている。

97 超心理学

神経科学では禁句となっているこの言葉。超心理学者らは、脳研究者たちによって使われている技術と似たようなものを使って、テレパシーや透視といった超自然的作用を証明しようとした。しかし、科学による綿密な調査によって、そういった現象の正体が暴かれている。

幽霊のような人影の存在は、文明の始まりとともに報告されている。きちんとした理由が説明されるようになるまで、神経科学者たちはそれらを完全に脳内で作られている妄想として扱っていた。

1994年、米国出身の神経科学者マイケル・パーシンガーは、超自然的存在が訪れる宗教体験を作り出す方法を発見したと発表した。パーシンガーは、「神のヘルメット」と呼ばれる装置を使った。このヘルメットをかぶると側頭葉に磁場がかけられる。パーシンガーは次のように主張した。通常、自意識は両側頭葉が連携して作り出すものであるが、神のヘルメットによってこれが乱されると、左右の側頭葉はそれぞれ独立するようになり、二つのアイデンティティが作られる。一つは「自己」とみなし、もう片方は謎の「他人」とみなす。この実験は10年後に別の研究者たちによって繰り返されたが、同じ結果は再現できなかった。調査の結果、パーシンガーの被験者たちは実験の目的を知らされており、その理論が正しいことを示したがったのだと結論づけられた。また、さらに最近の研究では、自意識に関与しているのは側頭葉ではなく、前頭葉であることがわかっている。

科学の介入

パーシンガーはこの結論に異論を唱えたが、神経科学が超心理学にかかわるときにはよくある話である。これまで、数々の研究プログラムによって、テレパシーや心霊能力、そして念力で物体を動かす能力が実在すると主張されてきた。しかし、厳密な実験条件下で追試験を行ったところ、それぞれの「発見」（と呼ばれていたもの）には不備があることが示された。たとえば、自然界と霊妙な経験との関係を科学的に証明した一つに「超低周波」がある。超低周波とは、低すぎて私たちには聞こえない音であり、気分に影響を及ぼすことで知られている。2001年、英国の大学で、ある研究室が取りつかれているといわれたことがあった。実験室の研究員たちは、その場所で幽霊を感じると報告した。調べてみると、欠陥のある換気扇から強い超低周波が出ていた。換気扇を修理すると、実験室はずっと居心地のよい場所になった。「呪われた」館と呼ばれる数々の古い建物も、とりわけ外で風が吹いているときに、似たような音で満たされていたのだろう。

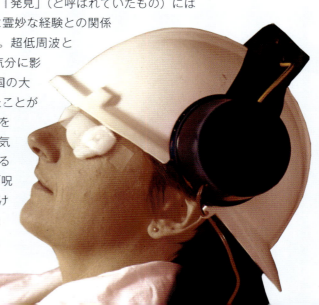

パーシンガーの神のヘルメットは、スノーモービルのヘルメットを改良したものだった。ヘルメットが作り出す磁場は非常に微弱で、携帯電話から出る磁場と同じくらいである。

98 意識という難問

　私たち人間は,自分たちの意識というものに誇りをもっている。この意識こそ,人間と自然界の一切を真に区別するものだと信じているのだ。けれども,実際に脳がどのように意識を作りだしているのかは誰も知らない。これを理解しないことには,本当のところ意識が何であるのかもわからないのである。

　フランスの哲学者ルネ・デカルトは,あらゆるものを疑ったすえに「我思う,ゆえに我あり」と述べ,自身の存在を証明した。自己を意識する者でなければ,自己の存在を疑うこともできないというわけだ。しかし,自己を疑うだけでは十分とはいえないかもしれない。意識だけが自己の存在を証明するために必要なすべてではないし,その意識すら幻想であるかもしれないからだ。

　多くの神経科学者たちは,脳と意識の物理的なつながりを模索している。このつながりは,いくつかの神経回路かもしれない―さまざまな事象を観察し,広い世界のほんの一角を理解しようとする,そんな頭のなかの内なる声や考えと相互作用するような。脳の活動のほとんどは意識しなくても遂行される。つまり,精神的なプロセスを考慮しなくても説明することができる。だが,意識の研究における究極の目標は,さまざまなプロセスに自己の意識を付随させているのは脳のどの部分なのかを見つけることである。しかし,たとえそのような神経活動が特定されたとしても,はたして意識がどのように発生するのか,そして意識は実際に何であるのかという疑問に完全に答えたことにはならない。残された難問は山積しているのだ。

下の図は正常に見えるだろうか？ 明らかに,色合いが間違っているように見えるが,そうではない。色の認識は各人固有のものなのである。あなたにとっての「青」をすべての人が同じ「青」と知覚する根拠はないのだ。

平易な問題

私たちの自己認識を説明する方法はいくつかある。これらの説明は一般的にヒトの能力に焦点を当てているが、そのはたらきが理解されていない場合も少なくない。それでもやはり、いずれは解明されていくことだろう。

ある人は、意識をもっているといえる。なぜなら…
> 覚醒しているときと寝ているときの違いを認識している
> 精神状態を伝えられる
> 行動をコントロールできる
> 心のなかで情報を組み合わせることができる
> 環境からの刺激を分類し、適切に反応できる
> 注意を払うことができる

哲学的ゾンビ

このような意識に関する難しい問題は、1996年に、オーストラリアの哲学者デイビッド・ジョン・チャーマーズによって提起された。チャーマーズは、哲学的ゾンビというアイデアを用いて自説を主張した。

チャーマーズの唱える哲学的ゾンビは、体はあるが、意識をもたない。あなたが話しかければ、ゾンビはまったく普通の人のようにふるまう。もし互いの頭をゴツンとぶつけてしまったら、あなたもゾンビも「痛い！」といって頭をさすり、痛い思いをさせてしまった相手に謝るだろう。あなたは自分の感じた痛みから、相手の痛みを推し量る。しかし、本当に相手も痛かったという証拠はない。実際、このゾンビには精神的プロセスはなく、人間らしく行動するためのルールに従う自動装置にすぎない。チャーマーズはこの思考実験で疑問を投げかけた。はたして、内在的な感覚や表現によって作られる意識は、他人のそれと同じであることを実証することなどできるのだろうか。たとえば色や匂い、痛みといった個人的な感覚はクオリアと呼ばれる。空が青いというのは誰もが知っている。だが、だからといって青のクオリアが誰の意識においてもかならず同じであるということにはならない。もしも誰かの頭のなかに入り込むことができたとしたら、その人にとっての青のクオリアは、私たちにとってはピンクのクオリアかもしれないのだ。先のゾンビは、脳で青い色を感知できるし、空を指さして「空は青い！」ということもできるが、青のクオリアはもっていない。ただ、一部の研究によれば、クオリアをもっていてもゾンビのようになれないこともないらしい。

準備を開始するとき

1980年代、研究者たちは、準備電位と呼ばれるものを使って、意識的思考と行動との関係を測定することに成功した（囲み参照）。この研究によって、ヒトが動作をしようと決める数百ミリ秒前に準備電位が発生することがわかった。まるで、脳は意志決定がなされる前に、意志決定に影響を与えているかのようなのだ。つまり、自分で意志決定する前に、脳は意志決定の準備を開始しているという。このことから次の三つのことが考えられた。一つ目は、私たちの意識には時間遅延があるということ。自分の考えを認識するのにいつも数百ミリ秒遅れてしまうが、これはごく典型的な認知プロセスである。二つ目は、意識は幻想であるということ。意識は、私たちの行動に意味を与えるためのめっきのようなもので、実際には行動に何の影響も与えていない。これはつまり、私たちは自由意志をもたず、無意識のプロセスによってコントロールされているということになる。三つ目の可能性はこうである。私たちの行動は無意識の考えによって始められ、意識はそれを拒否するためだけに存在する。「自由意志」（free will）という言葉に対して、この概念は「自由否定」（free won't）の力として説明されることがある。

「私が思うに、ゾンビの存在は、私たちの住む世界の自然法則にいくつか反するだろう。たとえば、ある特徴をもった脳を手に入れたら、その脳にともなった意識も手に入れることとなるのが、私たちの住む世界の自然法則の一つだろう（だが、ゾンビはそうではないのだ）」
デイビッド・ジョン・チャーマーズ

用意、ドン！

準備電位は、運動にかかわる脳領域で電位がわずかに低下する現象である。この現象が見られるのは、随意運動が実際に脳によって司令を受ける前である。研究では、脳は私たちが意識的に判断を下す前に運動する準備をしていることが示された。では、脳に準備をうながすのはいったい何なのだろうか？

99 性格？ それとも神経の病気？

脳の構造上の問題と個人の責任との境界線はどこにあるのだろう？ この問題は，刑事裁判において論点になることが増えている。弁護団は，非難すべきは被告人ではなく，被告人にそうさせた脳であると主張するのだ。

2002年，バージニア州出身の学校教師が子どもに対する罪で有罪判決を受けた。予定されていた刑期が始まる前夜，男は医師のもとへ行き，ひどい頭痛を訴え，もっと悪事をはたらきたいという耐えがたい欲望があることを打ち明けた。男は適切に自分を制御できないのだった。その後の検査により，脳腫瘍が前頭皮質を圧迫していることがわかった。衝動の制御や判断に関与する領域だ。腫瘍が取り除かれると，以前のような犯罪に対する欲求は消失した。医師らは，この教師の性格を著しく変えたのは腫瘍であり，犯罪と有罪判決を招いた原因は腫瘍にあったと証言した。かくして，男は出所した。

衝動の制御

もともと性格のよかった男性が，他人を脅かすような男に変貌したというのは珍しい話ではない。しかし，犯罪者のなかには，前頭皮質に何かしらの欠陥があるために，行動制御が不可能もしくは困難になっている場合があるのではないかと科学者たちは考えるようになった。2002年以降，米国では，神経科学的証拠を含む裁判が着実に増加している。神経科学を根拠に重犯罪者の量刑を軽減したケースは10年間で1,500件を超えた。（実際は恐らくもっと多いだろう。）いくつかの地域では，弁護士が訴訟依頼人すべての脳スキャンを撮ることが一般的になってきている。この風潮に対し，批評家たちは次のように主張している。法的能力のある脳とそうでない脳，つまり被疑者に刑事責任があるか否かの線引きはまだはっきりしていない。神経科学は，脳機能に関する生物学を基盤に組み立てられているのだから，裁判官や陪審員も含めて，各人の行動が完全に制御を失うということはあり得ないのではないか？

パーソナリティ障害
世の中には，病気によりパーソナリティ機能が偏ってしまっている人がいる。パーソナリティ障害は，以下のものを含め十数種類ある。
偏執症 疑い深く信用しない
境界性障害 不安定になったり衝動的な行為をしたりする
自己愛性障害 過大な自己像を抱く
強迫性障害 細かいことに囚われる
回避性障害 傷つきやすく，社会的な活動が抑制される

有名な人も悪名高い人も，人の心に残っているのは彼らがした行為である。では，私たちが感謝したり非難したりするのは，彼らに対してだろうか，それとも彼らの脳に対してだろうか。アドルフ・ヒトラーは，彼一人でも精神医学の教科書を埋められるともいわれた。ハリウッド女優グレタ・ガルボが早々に芸能界を引退したのは，彼女が回避性パーソナリティ障害だったからであった。ヘンリー・フォードが自動車帝国を築き上げたのは，自己愛性パーソナリティ障害の結果だった。（彼は自分の発明以外は取り合わなかった。）ヴィンセント・ファン・ゴッホは，境界性パーソナリティ障害だったかもしれない。

100 コンピュータ・ブレイン

人間と同じくらい高い知能をもつ機械は、長年待ち望まれているものの一つである。人工知能（AI）を生み出すという目標は1955年にたてられたが、私たちはいまだにその完成を待ち続けている。はたして、電子装置が生きた脳の機能を真似することはできるのだろうか？ それともAIには新しいアプローチが必要なのだろうか？

「人工知能はやがて自立して、ますます速度を速めるために自らを設計し直すだろう」
スティーヴン・ホーキング

ある意味、脳とコンピュータは似ている。どちらもエネルギー供給を必要とし、どちらも電気という形態で信号を送る。そして、どちらの記憶も書き換え可能である。だが、似ているのはここまでである。記憶媒体としての処理能力においては、コンピュータが優勢。処理能力の高いスーパーコンピュータの保存容量が30ペタバイト（$3×10^{16}$バイト）であるのに対し、脳は3.5ペタバイトである。（もっとも、これはあくまでも推測であり、正確な数字ではないが。）また、コンピュータは速い。コンピュータは1秒間に8.2京（$8.2×10^{16}$）の作業を処理できるのに対し、人間は2.2京しかできない。しかし、人間の脳は効率のよさでは模範的だ。人間の脳は750メガバイトの「プログラム」（すなわちヒト遺伝子に含まれる情報量）を20ワットの電力で動かせるのに対し、スーパーコンピュータは10メガワットを必要とする。それにコンピュータは設置場所をとるが、脳は頭のなかに収まるほどでしかない。

そしてなにより、脳とデジタルコンピュータの機能はまったく異なっている。もし同じであれば、スーパーコンピュータはたしかに非常に優れた知能になるだろう。だが、実際のところコンピュータは、私たちが何をすべきか示してやらなければ何もできないくらい使いものにならない。違いは、どうやら脳が一度に複数の処理を平行して行えるところにあるようだ。これが電子装置にはできないことなのである。コンピュータが本当に高い知能をもつようになるには、コンピュータはおそらく脳のシステムをそっくり写し取らなければならないだろう—ただ、解読することはできないだろうが。

人工知能に要注意

2014年、世界トップレベルの物理学者スティーヴン・ホーキングが、人工知能を作ることに警鐘を鳴らした。彼いわく、生物に邪魔されることなく、人工知能は私たちの理解の及ばない速度で自らの開発を指示することもありうる—これは、私たちにとって得策とはいえないだろう。

ニューラルネットワーク

人工知能を有するコンピュータはニューラルネットワークを使って作動するという話を耳にしたことがあるだろうか。ニューラルネットワークとは、コンピュータ用語で人間の脳の神経回路のように学習能力をもつように作られたモデルのことをいい、身の回りにある装置に内蔵されているマイクロチップのようにあらかじめセットされた回路に従うものとは異なる。ニューラルネットワークにはノードと呼ばれる人工の神経細胞層が複数ある。最上層で入力信号（刺激）を受け取り、最下層から出力信号が出されるのだが、出力信号は、その情報がどのように中間層を移動してきたかによって違ってくる。この賢いコンピュータは、あらゆる結合法を試して、出力結果をテストする。各入力に対してどの出力が正しいのかを、失敗から学習する。

人工知能を有するコンピュータが人間の脳の電子版になるだろうというアイデアは支持を失いつつある。代わりに、まったく新しい形態の処理能力が人工知能に求められるだろう。

脳の基礎

　脳に関することで「これが基礎です」といえるようなものを明示するのは非常に難しい。だが，とにかく，これまで紹介してきた内容をまとめて，脳と体がどのようにつながり，どのように相互作用しているのかを掘り下げてみるとしよう。まずは，触覚を脳がどう処理し，筋肉がどう応答しているのかを取り上げる。それから，全身を通るさまざまな神経回路について見ていこう。

触覚と運動

　体性感覚皮質および隣接する運動皮質は，神経科学者らによって初めて脳における位置が特定された重要なコントロールセンターである。体性感覚皮質は触覚とかかわりがあり，このシステムに入力される刺激には熱や圧の強弱，痛みなどがある。これらの刺激はいずれも体性感覚皮質で処理される。運動皮質には随意運動を開始させるはたらきがあり，これは隣の体性感覚皮質にやってきた情報に対して反応しているのではないかと考えられている。

　脳の各領域と体の各部位の対応関係は，ホムンクルスと呼ばれる「小人」の姿で表すことができる。この小人たちは奇妙な体つきをしているが，それは，体の各部位に対して脳がかかわる領域の割合を反映し，正常なプロポーションが失われているためである。見てわかるように，感覚性ホムンクルスでは胴や足全体からの触覚情報よりも，指先と手からの触覚情報を受け取る脳領域が大きく発達している。イチジクの葉で隠されている陰部は，感覚性ホムンクルスでは適度な領域を確保しているが，運動性ホムンクルスではずいぶんと小さい。運動性ホムンクルスは，全体的にグロテスクな姿になっていて，これを見れば，唇と舌を動かすことは，そのほかの顔の部分を動かすよりもずっと脳の広い領域がかかわっているということがわかる。器用な手はどうかといえば，なるほど，この皮質の大部分を占めている。このホムンクルスたちをよく見ていると，もはや，自分自身を今までのように見ることはできないだろう。

脳の基礎 ＊ 115

感覚性ホムンクルス

体性感覚皮質は中心後回にあり，頭頂葉の前側に位置する大きな領域である。

運動性ホムンクルス

運動皮質は前頭葉の中心前回に位置する。

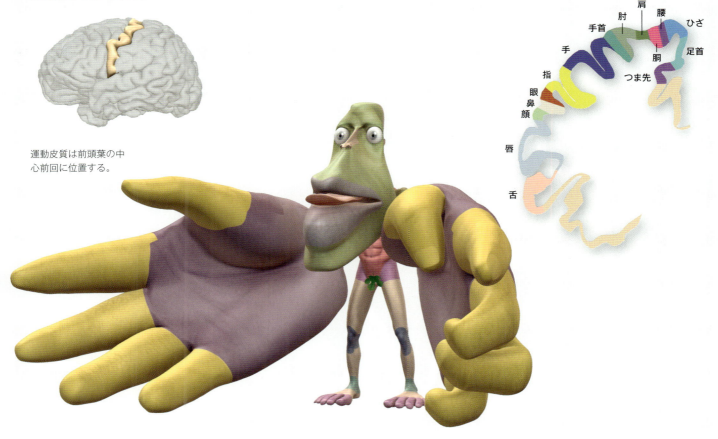

主要な神経

脳は中枢神経系の主要部位であるが，体には末梢神経系と呼ばれる別のシステムもある。末梢神経系は，広範囲にわたり脳と脊髄を除く体のあらゆる部分とつながっている神経線維網である。

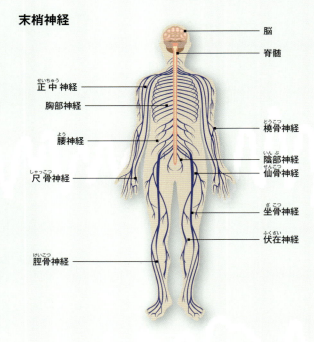

末梢神経: 脳，脊髄，正中神経，胸部神経，腰神経，尺骨神経，橈骨神経，陰部神経，仙骨神経，坐骨神経，伏在神経，脛骨神経

脊髄

脊髄は，中枢神経系の下の部分に位置し，脳と末梢神経系を結ぶ神経線維の束である。脊髄は頚髄，胸髄，腰髄，仙髄の四つの部位に分けられる。脊髄から出ている神経は30対（尾骨神経を含めるなら31）があり，それらの脊髄上の位置は，おおよそ関連する体の部位に対応している。

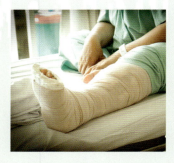

体性神経

体性神経は，随意運動において，触覚からの情報を脳へ伝え，脳からの司令を筋肉に送る。不随意の反射運動も体性神経によって行われるが，信号は脳を経由しない。

脳神経

末梢神経のなかには，脳から直接出ているものもあり，そのほとんどは頭と首に関係しているが，迷走神経はもっと下にある内臓まで伸び，そこで自律神経系と呼ばれる別の末梢系に接続している。自律神経系については，次で，詳しく見てみよう。

身体痛やほかの感覚および随意運動は，神経と脊髄を通って伝わる。

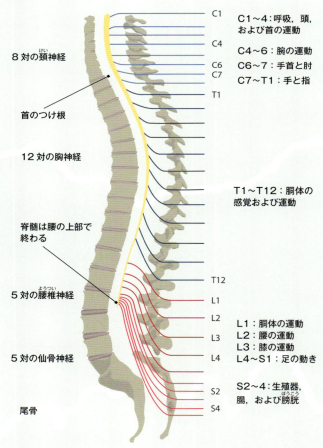

脊髄
- 8対の頚神経
  - C1〜4：呼吸，頭，および首の運動
  - C4〜6：腕の運動
  - C6〜7：手首と肘
  - C7〜T1：手と指
- 首のつけ根
- 12対の胸神経
  - T1〜T12：胴体の感覚および運動
- 脊髄は腰の上部で終わる
- 5対の腰椎神経
  - L1：胴体の運動
  - L2：腰の運動
  - L3：膝の運動
  - L4〜S1：足の動き
- 5対の仙骨神経
  - S2〜4：生殖器，腸，および膀胱
- 尾骨

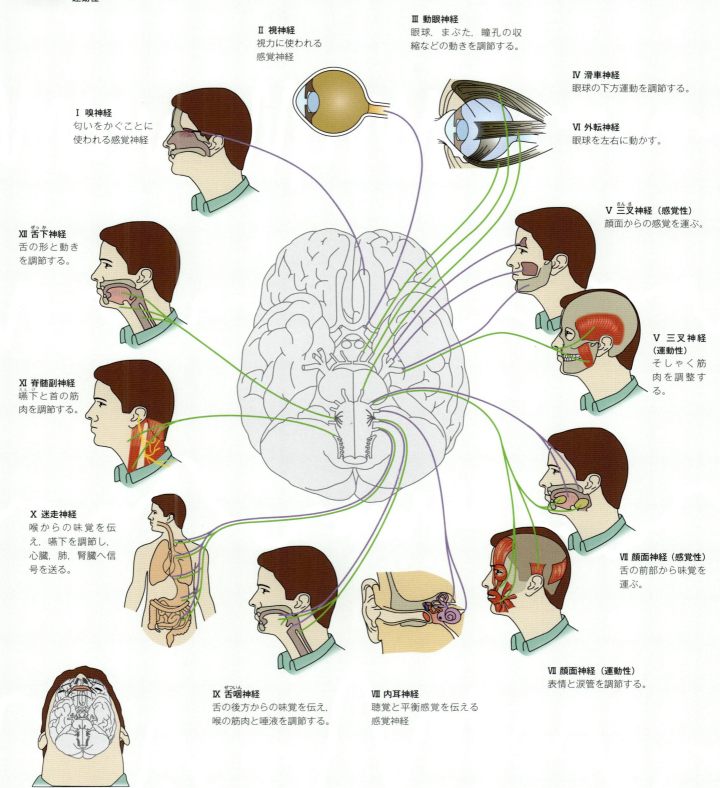

自律神経系

体内で行われている多くのプロセスは，無意識のうちに自動制御されているように思える。だが，そういったプロセスもやはり自律神経系によってコントロールされている。これには交感神経と副交感神経という二つの神経系が関与している。両者は拮抗的にはたらく。つまり，それぞれ相反する作用を体に及ぼす。

交感神経

交感神経は「闘争・逃走反応」をコントロールし，体が活発に行動できるようにするはたらきがある。交感神経によって腎臓上部の副腎が刺激されると，アドレナリンと呼ばれるホルモンが血液中に分泌される。すると，血液が筋肉に供給され，活動できるようになる。同時に，交感神経は消化を抑制し，肺を膨らませてより多くの空気を取り込めるようにする。また，闘争には直接は必要ないが，関係のあるほかのシステムにも影響を与える。たとえば，唾液腺からの分泌が減って喉がカラカラになったり，涙腺のはたらきが抑制されたりする―恐怖を感じているときに涙は出ないものだ。そして，膀胱は完全に休止状態になる。

副交感神経

副交感神経は，体をリラックスした通常の状態に戻し，「休息と消化」をうながす。

虹彩の大きさは，交感神経と副交感神経からの相反する指示により大きくなったり小さくなったりする。

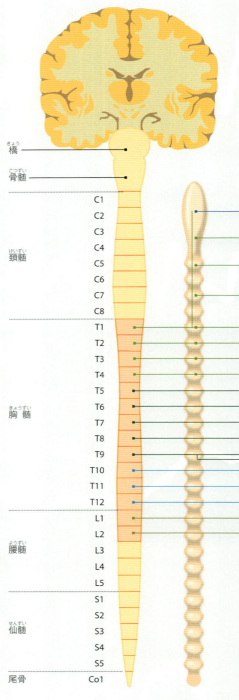

交感神経

橋
骨髄
頚髄 — C1〜C8
胸髄 — T1〜T12
腰髄 — L1〜L5
仙髄 — S1〜S5
尾骨 — Co1

交感神経幹

肺
交感神経：気道を拡張させる。
副交感神経：気道を収縮させる。

心臓
交感神経：心拍数を上げる。
副交感神経：心拍数を下げる。

眼
交感神経：瞳孔を拡大する。
副交感神経：瞳孔を縮小する。

胃と膵臓
交感神経：消化を抑制する。
副交感神経：消化を促進する。

肝臓
交感神経：グルコースの生成を促進する。
副交感神経：胆嚢を刺激する。

膀胱
交感神経：膀胱を拡張させる。
副交感神経：膀胱を収縮させる。

涙腺
交感神経：関係なし
副交感神経：涙を出す。

唾液腺
交感神経：唾液の分泌を抑制する。
副交感神経：唾液の分泌を促進する。

副腎
交感神経：アドレナリンの分泌を促進する。
副交感神経：関係なし

腸
交感神経：関係なし
副交感神経：腸の血管を拡張させる。

直腸
交感神経：関係なし
副交感神経：括約筋を縮小させる。

生殖器
交感神経：オーガズムをうながす。
副交感神経：勃起や性的興奮をうながす。

脳の基礎 * 119

副交感神経

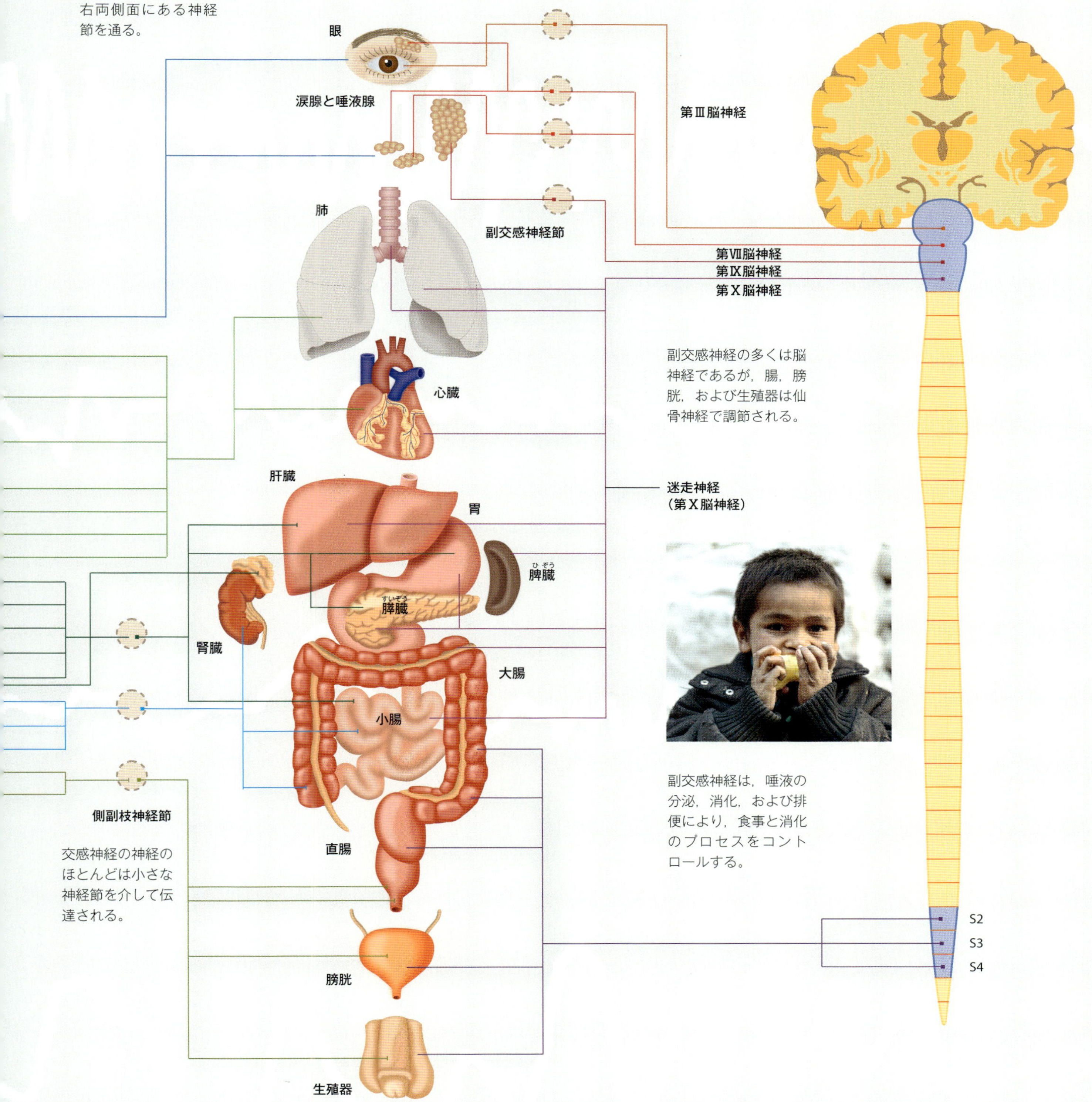

交感神経は脊髄の左右両側面にある神経節を通る。

眼
涙腺と唾液腺
第Ⅲ脳神経
肺
副交感神経節
第Ⅶ脳神経
第Ⅸ脳神経
第Ⅹ脳神経

副交感神経の多くは脳神経であるが，腸，膀胱，および生殖器は仙骨神経で調節される。

心臓

迷走神経（第Ⅹ脳神経）

肝臓
胃
脾臓（ひぞう）
膵臓（すいぞう）
腎臓
大腸
小腸

副交感神経は，唾液の分泌，消化，および排便により，食事と消化のプロセスをコントロールする。

側副枝神経節

交感神経の神経のほとんどは小さな神経節を介して伝達される。

直腸
膀胱
生殖器

S2
S3
S4

まだ答えが見つかっていない問題

近年，神経科学は目覚ましい進歩を遂げており，脳に関する今の私たちの理解は，わずか50年前とは比べものにならないくらいである。しかし，脳科学は新しい分野であり，解明されていないことはまだ山ほどある。そんな，答えの出ていない問題のいくつかをここで見ていくことにしよう。

ほとんどの人が右利きなのはなぜ？

約85％の人は右利きである。一般的に，右手で字を書くのが右利きだと考えがちだが，世界にはまだ読み書きの能力を身につけていない人もいる。ほんの数百年前にも書くことができない人は大勢いたが，それでも右利きか左利きかというのはあった。ペンを紙の上に走らせることはしなくても，人々は利き手で食事をし，道具を使い，そしてもっとも重要なことには，物を作った。

少し話が先走ってしまった。「利き手」をもつためには，まず手がなければならない。前足を自由にさせ，たくみに手で物を扱えるようにするために，私たちの祖先は二足歩行しなければならなかった。では，最古の人類には利き手があったのだろうか。もっともよい証拠は，現生の類人猿に見ることができる。大型の類人猿は，4本の足すべてを同じように使って歩いていた。しかし，上体を起こすときには，好んで使う手がたしかにあったのだ。右手か左手かは半々に分かれた。人類学者たちは，自ら実験台となり，利き手に関するさらなる調査を行った。左利きと右利きの科学者たちは，初期のヒトと同じ道具を使って石器を作った。そして出来あがった自分たちの作品を，先史時代の石器と比べてみた。結果，右利きの人口が左利きの人口を上回ったのはわずか60万年前であることがわかった。きっかけは何だったのだろうか？ 動物の脳は左右で役割を分担しているということは十分に立証されている。たとえば，魚は，たいてい右目（と左脳）を使ってエサを見つける。おそらく，これは危険を察知するなど，エサを見つける以外のことには右脳を使っているということだろう。それならば，4本足で歩いていたヒトの祖先も，そのときからすでに左右それぞれの脳の役割を分担していたのではないだろうか。60万年前に利き手ができたという大きな変化は，偶発的なものだったと考えられている。単なる動物的な鳴き声ではない，ちゃんとした言語によるコミュニケーションを行うために，ほとんどのヒトは左脳半球を使った。有力な見解では，言語能力が左脳に発達するに従い，左脳でコントロールされる体の右側が支配的になった。その最たるものが右手である，というわけだ。これを証明するためには，原始人の脳をスキャンしなければならないが，実現できる人はまずいないだろう。

私たちのほとんどは，どちらか一方の手が使いやすい。言語能力が発達した結果，偶然利き手ができたのだろうか？

まだ答えが見つかっていない問題 * 121

ヒトはどうして泣くのか？

　泣くのは人間だけである。いや，感情的な理由で涙を流すのは人間だけであるというべきか。どんな哺乳類の眼も涙を作ることはできて，眼を洗浄するという実用的な機能を果たしている。しかし，泣くというのは人間に特有なことである。涙には他者に向けたメッセージとしての機能もあり，私たちは，泣いている人がどのような感情をもっているのかを察する心を持ち合わせている。自分が泣いたときの感情を覚えているのだ。このように，泣くことは，人間がコミュニケーションを図るために使う表情の一つであり，そこから発せられるメッセージは，少なくともささいなことではなく，言葉を超えた，きわめて深く，切実な感情なのだ。別の理論では，涙にホルモンが含まれていると指摘する。この理論によれば，そもそも涙が感情の表現の一つであるのは，もともと涙は体がストレス状況下に置かれたときに下垂体で作られる化学物質を排出するためのものだからだという。しかし，このようなストレス反応はさらに増強し，私たち人間は，飼っていたペットの死で涙を流すまでになった―死んだペットと同じ種類の動物は涙一つ流さないというのに。

泣いているのか？　それとも眼に異物が入っているだけ？

脳は脳自身を理解できるほど優れているか？

　これはパラドックスの一種である。ヒトの脳のはたらきを理解するためには，ヒトの脳を使うしかない。私たちが知る限り，ヒトの脳は宇宙でもっとも複雑なシステムである。脳のシステムを理解するためには，脳は（私たちが理解できる程度には）シンプルなルールに従っている必要がある。しかし，そんな「シンプルなルールに従っている」私たちの脳は，そのルールを理解できるほど賢くなり得るのだろうか。今のところ，脳はそれ自体を理解できるほど優れていない，というのが答えである。それでも，およそ数百年前に始まった記録を見ると，ヒトは着々と賢くなっていることがうかがえる。脳の複雑さは今も数百年前も変わっていないのであれば，私たちは個人としても集団としても，脳をより上手に使えるようになっていると考えることもできるだろう。

この見事な画像は人間の知能によって作られた。私たちは，これが何であるのかを理解できるほど優れているだろうか？

まだ答えが見つかっていない問題

ヒトの脳にとって最低限の活動とは？

　この質問について考えるのは，二つの場合がある。一つは悲惨な出来事が起きた際，その人がまだ生きているかを見極めるために脳が最低限しているはたらきを見るとき。この答えは，脳の底部にある。たとえ脳の大部分がまったく機能していなくても，脳の底部にある呼吸中枢が正常な呼吸を維持させることはできる。医学上の基準によれば，このような状態は脳死ではないが，決して回復することはないという。では，もっと楽しいほうの場合を見てみよう。よく「事実」としていわれることに，次のようなものがある。凡人は脳の 10％しか使っていないが，奇人天才はより多くの領域を使ってさまざまな分野で優れた発明をするのだと。だが，これは迷信にすぎず，アルベルト・アインシュタインがふざけていったコメントに端を発している。「数々の発見を同時に実現するような真似をどうしたらできるのですか」と質問されて，そのように答えたのだ。私たちは脳全体を使う。だが，すべて同時に使うわけではない。（とはいえ脳はほかの部位と比べて非常に消費エネルギーが多い。肺から取り入れた酸素の 5 分の 1 は，脳を正常に保つためだけに使われている。）ただし脳に「安静状態」というものはある。「何もしていない」とされるこの状態のときに見られるアルファ波の波形が基準となっている。もちろん，脳は安静状態でも多くのことを行っているが，研究者らは，脳が「何かをしている」ときの活動の上昇を検出したいので，安静状態時のアルファ波を基準に設定したというわけだ。安静状態は，すべての脳で見られる活動パターンである。ここで，疑問が残る。この安静状態では，何もしていなくても続けられている無意識の活動がほとんどだ。では，刺激に対して反応するなど，脳が「何かをしている」ときは，いったいどれくらいの割合で無意識の活動を続けているのだろうか？　「意識」が関与するのは，活動レベルが上昇したぶんだけなのだろうか？

脳はどうやって時間を記憶するのか？

　たとえ時計がなくても，私たちは時が経過していることがわかる。自然は，日の出と日の入りという明確な合図を与えているし，私たちの体は空腹感や睡眠のリズムに合わせて昼と夜を区別している。これを概日リズムといい，光量の変化によって調整される。しかし，脳はもっと短い時間を読み取る必要がある。演奏やスポーツをするとき，あるいは単純に話をするとき，脳はミリ秒単位のリズムで動きを調整しなければならない。このような時間の計り方は小脳で調節されていると考えられているが，本当のことは誰にもわかっていない。また，数分間，数時間という時間を区別することは，活動を計画したり，記憶を整理したりするときにたいへん重要となる。たとえば，同じ日に同じ仕事を何度か繰り返すことがあるだろう。脳には，それぞれの仕事を行った時間を記憶する特別な場所がある。もっとも有力な理論によると，これには海馬が関与している。海馬は，いわば脳のビデオレコーダーと考えられており，出来事を記録し，編集して再生することができる。その内容は，長期記憶になる場合もあれば，ならない場合もある。

脳には時計が一つあるのだろうか？　それとも複数あるのだろうか？　時計は互いに調子を合わせているのだろうか？

失われるのは記憶なのか，思い出す能力なのか？

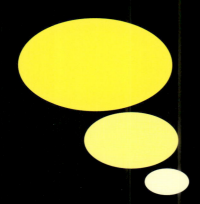

　神経科学は，記憶痕跡（エングラム）について的確に説明できる段階からはまだほど遠い。神経科学者らは，脳は神経細胞同士のさまざまな結合によって記憶を整理しているのではないかと考えている。しかし，今のところは，記憶が物理的に存在しているとされる脳の場所が暗に示されたにすぎない。学者たちがせいぜいできることといえば，特定の記憶を呼び起こすときに見られる脳の活動を観察し，集めたデータから「ボクセル」と呼ばれる立体的な画像データをモニターに表示するだけである。現在のスキャナーの精度は不十分で，ある活動のボクセルから特定の神経細胞のネットワークを明らかにすることはできない。だが，このシステムは，記憶の思い出し方を理解するうえでは十分役に立つ。近年の研究では，過去の記憶は，記憶に留まろうとつねに戦っていることが示された。一つの記憶に関するボクセルを思い出すために，脳は別の記憶のボクセルを忘れるか，少なくとも弱めなければならない。言い換えれば，脳が活動するほどに記憶は失われるのだ。これを現実世界のシナリオに書き換えてみよう。仮に，ある事件の目撃者が事件について質問され，何が起きたのかを思い出して話すように頼まれたとする。このとき，印象深い記憶はしっかり心に刻まれて鮮明になる一方で，ほかの記憶はどんどん薄れていく。裁判の反対尋問で，事件に関する特定の事柄についての記憶がおぼろげになるのはこのためかもしれない。たとえば，事件の日の昼食に食べたはずのものや着ていた服をなかなか思い出せないといったことである。目撃者があいまいな発言をしたときに，「嘘をついているな」と考える人もいるだろうが，「何かを思い出そうとすれば何か別のことを忘れてしまうものだ」と指摘する人もいるだろう。

1910年，アンリ・ルソー作『夢』。これは芸術作品だが，本当の夢を描いたものだろうか？

なぜ夢を見るの？

　目覚めたときに夢を覚えていた経験は，誰にでもあるだろう。夢を見ることについては二つの学派がある。生理学の立場からすると，夢は眠っている脳の活動により人為的に生み出されたものであり，偶発的で意味はない。一日の出来事はレム睡眠中に整理され，この際に意識が活性化される。これに何かしら意味をもたせることは妄想にすぎず，都合よく物事に当てはまるように解釈する能力が私たちに備わっている証拠であるという。一方，心理学の立場では，夢は潜在意識の活動を意識的に投影したものであるとする。この理論は，近年ではほとんど支持されていないが，私たちが強く不安に感じていることが夢に現れ，無意識のうちに封印されている心の葛藤を知る手がかりになるという。なぜ夢を見るのかを真に理解するためには，なぜ眠るのかを理解する必要がある。しかし，これもまた真実はわかっていない。睡眠は休息をもたらし，体を回復させる時間を提供するが，脳は寝ているあいだもほとんどつねに活動している。このことから，脳は「管理経営」をしているのだという人もいる。私たちが寝ているあいだにも，脳はその日の記憶をいるものといらないものに整理しているかもしれないし，重役クラスの考えごとをしているかもしれない。問題を一晩寝かすとよい，とはよくいったものだ。

まだ答えが見つかっていない問題

神経はどんなコードを使っているの？

コンピュータが1と0の並んだ機械コードを使ってプログラムされていることはよく知られている。これらの数字が表しているのは，変数やデータの一部，ユーザの入力情報，機械からのアウトプットなどである。だが，それだけではない。実行装置自身に対して，あらゆる変数の扱い方を調整する指示にもなりうるのだ。その詳細な仕組みは，ここでは専門的すぎるだろうが，では脳に置き換えた場合はどうだろう？　このような機能を果たす「脳コード」のようなものを使っているのだろうか？　神経細胞から神経細胞へと神経信号が次々に移動する仕組みは今ではよく説明されている。ほかにも，わかっていることがある。「上流の」神経細胞から発せられた信号は，「下流の」神経細胞を刺激して別の神経細胞に伝達されることもできるし，その信号や上流から来る別の信号を抑制し，それ以上伝達されないようにくい止めることもできる。かつて，変数は神経細胞が発する信号の頻度でコード化されていると考えられていた。電気信号の回数が多ければ，少ないときよりも強い影響を与えるというわけだ。しかし，今では，神経細胞は電気信号の発射速度を調整しているのかもしれないと考えられている。神経細胞は，断続的な電気信号の間隔を数ミリ秒単位で変えることにより，情報をコード化しているという。脳のハードウェアを理解するのと同じくらい，脳のソフトウェアについて学ぶことはまだ山ほどある。

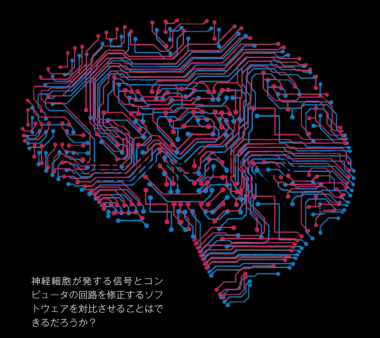

神経細胞が発する信号とコンピュータの回路を修正するソフトウェアを対比させることはできるだろうか？

死後，脳を保存して復活させることはできる？

医学は，死ぬ瞬間を秒刻み，分刻みで先延ばししている。4，5分間心肺停止状態となっていた人が，蘇生して通常の生活に戻れることは珍しくない。その時間を延長できる方法はいくつかある。しかし，問題の核心は変わらないままだ。一般に，心臓が停止して数分後には血液中の酸素供給は止まり，脳も体も死んでしまうと考えられている。しかし，これは真実ではない。たしかに細胞は壊死し始めるが，そうなるまでには5分よりもずっと長い時間がかかる。しかし，そのような仮死状態が続いた後で心臓が再び動き出せば，血流が再開し，血圧が急に復活することによって脳組織の大半が壊れてしまう。そのため，現状では，これ以上生命を維持できないという状態になってしまった体にどんな救命処置を試みても，細胞組織の破壊を早めてしまうだけなのだ。もし血流再開による損傷を回避できる方法が見つかれば，おそらく数時間という単位で死亡時刻を遅らせることが可能になるだろう。死の瞬間に時計を止めて，脳あるいは全身を液体窒素で冷凍したいと考える人がいる。たとえば死因が心臓にあって脳は生きている場合など，脳を傷つけることなく死んでいれば，将来，健康を害することなく解凍し，血流を再開させることができるかもしれないというのだ。しかし，このプロセスには依然として問題が山積している。冷凍人間は時間を味方につけて，未来の技術の恩恵を受けることができるだろうか。

まだ答えが見つかっていない問題 * 125

脳はどうやって物事を予測するの？

私たちの脳は，過去の経験に基づいて世界を理解している。

　脳は，いわば予測マシーンのようなものである。私たちは，過去の経験に基づき，さまざまな出来事に対して起こりそうな結果をモデル化し，それを刻々とアップデートしながら日常生活を送っている。言葉を理解できるのもこの予測のおかげである。私たちは，音を聞いてから，その意味をデータベースに照らし合わせているのではない。自分たちが繰り返し使う言葉をもとに，次に来ると思われる音を予測しているのだ。相手が実際に言葉を発するより先に，その人が何を話すのかがわかるのはこのためである。このようなごく近い未来を予測する能力は，私たち人間の知能の中核を成すものである。しかし，仮に「予測中枢」なるものがあるとして，それが脳のどこにあるのか，そしてそれが実際にどのようにはたらいているのかは，今のところ予測の域を超えていない。

どうやって話し方を学ぶの？

　この質問は「刺激の貧困」という概念に関する質問である。言語学者のなかには，言葉はたいへん複雑であるため，赤ん坊がすぐに学べるものではないと断言する人がいる。言葉のきまりに触れる機会が比較的少ないのだからなおさらに。しかし，赤ん坊はやがて，ほかの人の話に耳を傾け，言葉を返してくるようになる。繰り返しの言葉でコミュニケーションをとれるようになると，次は二語文，三語文を話すようになる。だが，そういった文は，繰り返しの言葉ではなかったりする。これまで誰かがいうのを一度も聞いたことがなくても，正しい文を構成することができるのだ。言語学者によれば，この段階の子どもには，言葉のきまりを理解するための機会がまだ十分に与えられていないので，知っているきまりに従って言葉を覚えていく言語中枢のようなものが生まれながら脳に備わっているのではないかという。その証拠に，異なる言語でも構文が類似している。しかし，このような考え方は，今ではどちらかというと時代遅れだ。彼らがこのような説を提案した1960年代以降，脳がもっている真の能力（それに人工知脳）に関する私たちの理解は深まり，多くの人がこの説に反対するようになった。新しい説の一つに，赤ん坊の脳は，耳にした単語と文をパターン認識し，言語を成り立たせるきまりを見つけていくというものがある。平均的な英語を話す人は，18歳になる頃には6万語を学んでいる。（そのほとんどは使わないのだが。）次なる疑問は，どうやって，それらの言葉の意味を私たちが本当にわかっているかどうかを確かめたらよいかということだ。唯一の方法は，誰かに聞くことである。が，しかし，聞いた相手にしても，その言葉の意味をわかっているか確かめようがない。

だからね…

偉大なる神経科学者たち

　神経科学という用語は20世紀後半に作られたものではあるが、その何千年も前から脳の形態や機能に注目していた偉大な思想家たちがいた。ここでは、何世紀にもわたり、数々の発見をして脳の理解を進めてきた人物たちを紹介しよう。神経科学という分野ができる以前に行われた、さまざまな実験や臨床観察についても触れていく。偉大なる神経科学者たちの多くは内科医か外科医だったが、それぞれ独自のアプローチで、人間の脳という見事なパズルの小さな1ピースを解明した。

ヘロフィロス

生　年	紀元前335年頃
生誕地	カルケドン（現トルコ共和国）
没　年	紀元前280年頃
重要な業績	解剖学の創始者

　誰もが認める解剖学の祖。ギリシア人で医師のヘロフィロスは、研究のほとんどをアレクサンドリアで行った。アレクサンドリアはギリシア本国から遠く離れたナイル川河口に建設された都市で、タブーとされていた人体解剖が許可されており、ヘロフィロスは公の場で人体解剖をすることもあった。いくつかの報告によれば、数百人もの生きた囚人の体にナイフを入れた。ヘロフィロスの死後、人体解剖は再び忌み嫌われ、何世紀も後になるまで行われなかった。ヘロフィロスは動脈と静脈の違いなどを含む発見の記録を9冊の本にまとめたが、いずれも現存しない。

プラトン

生　年	紀元前428年頃
生誕地	ギリシアのアテネ
没　年	紀元前348年頃
重要な業績	知性は頭に宿ると提唱

　プラトンは貴族の家系に生まれ、若くしてソクラテスに学んだ。偉大なるアテネの哲学者プラトンの業績については、彼の弟子を通じて知られるようになったものがほとんどである。ソクラテスが処刑された後、プラトンはアカデミアと呼ばれる学校を設立し、その後長きにわたり西洋の思想に影響を与えた。アカデミアという名称は、その土地の所有者に由来すると考えられている。プラトンの有名な弟子の一人に、アリストテレスがいる。プラトンの本名はアリストクレスというが、アリストテレスと師弟関係にあったことを考えると、彼のレスリングの師匠にプラトンというニックネームをつけてもらったことは歴史的にも都合がよかった。プラトンには「（肩幅が）広い」という意味がある。

ガレノス

生　年	130年頃
生誕地	ペルガモン（現トルコ共和国）
没　年	216年頃
重要な業績	医学の体系を確立

　若くて裕福だったガレノスは、可能な限り多くの医学知識を吸収しようと世界を旅してまわった。まずは故郷の地中海沿岸都市ペルガモンで医学の訓練を行い、ヒポクラテスの故郷であるギリシアの島々を巡ると、最終的にアレクサンドリアの医学校で学んだ。身につけた技術のおかげで、故郷で腕の立つ医師となり、地元の剣闘士らの手当てをした。30代後半でローマに移住し、166年に都市を襲った疫病の治療にあたって名が知られるようになった。有名になったガレノスは、皇帝二人の侍医にもなった。長生きしたが、晩年のようすや亡くなった日にちは明らかになっていない。

イブン・アル＝ハイサム

生年	965年
生誕地	イラクのバスラ
没年	1040年頃
重要な業績	視覚理論の提唱

中世ヨーロッパでは，アル＝ハイサム（アルハーゼン）は「例の物理学者」として知られていた。おそらくイスラム黄金時代のもっとも偉大な科学者である。10世紀，生まれ故郷のバスラは文化の中心地であったが，アル＝ハイサムはバグダッドの「知恵の館」と呼ばれる当時最高峰の学術機関で学んだ。ただし，アル＝ハイサムはそれほど賢明ではなかった。話によると，ナイル川を治水できると豪語してバグダッドからカイロへ赴いたのが不幸の始まりで，軟禁生活を送ることとなった。

トマス・アクィナス

生年	1225年1月28日
生誕地	イタリアのロッカセッカ
没年	1274年3月7日
重要な業績	脳機能局在論を発展させた

トマス・アクィナスは貴族の血筋を引く家系に生まれた。兄たちは軍人の道に進んだが，トマスはドミニコ会に入会することを選んだ。ドミニコ会とは当時新しく創立されたカトリック修道会で，知を重んじる気風があった。トマス・アクィナスはドイツの都市ケルンで後々まで影響を及ぼしたアルベルトゥス・マグヌスに学び，ヨーロッパで最初に設立された大学の一つであるパリ大学で神学修士を取得すると，二度にわたり教鞭をとった。1273年，アクィナスは発作を起こしたが，このとき彼が何かの幻影を見たのではないかと解釈されている。これまでの研究は「ただの藁（わら）くずでしかない」といって仕事から手を引いたからである。亡くなったのはその翌年だった。

イブン・スィーナー

生年	980年8月16日頃
生誕地	ウズベキスタンのブハラ
没年	1037年12月10日
重要な業績	イスラムの医師・学者

イブン・スィーナーとして知られるアヴィセンナは，幼い頃から頭脳明晰（めいせき）で，科学と哲学では教師よりも優れていた。さらには10代にしてイスラム王朝君主の治療にあたり，そのおかげで王立図書館への出入りが許可された。物理学や政治学に対する興味関心を広げることも，多くの富を得ることもでき，生涯を通じて200冊の本を書いた。召使いの一人に毒を盛られなければ，もっと多くの本を書いていただろう。

アンドレアス・ヴェサリウス

生年	1514年12月31日
生誕地	ブリュッセル（現ベルギー）
没年	1564年10月15日
重要な業績	最初の近代解剖学者

アンドレアス・ヴェサリウスは非常に解剖が上手だったので，パドヴァ大学を卒業すると同時に，学部長に採用された。彼の名前はオランダ語のアンドレアス・ファン・ヴェセルをラテン語に訳したものだが，実際はイタリアで研究生活を過ごし，神聖ローマ帝国皇帝に侍医として仕えた。解剖学においてヴェサリウスの功績が高く認められているのは，主に，精妙なイラストを導入したことによる。イラストはヴェサリウスではなく，ベネチアの画家ヨハン・ファン・カルカーが描いたものであったが，これによりヴェサリウスの名が後世に残されることとなった。

ヨハン・ヤコブ・ウェファー

生　年	1620年12月23日
生誕地	スイスのシャフハウゼン
没　年	1695年1月26日
重要な業績	脳卒中の原因の発見

ウェファーは，脳卒中は脳内の血液供給の問題によって起きることを示した最初の人物である。この功績をたたえ，脳卒中の治療に貢献した者に毎年ウェファーアワードという賞が授与される。生前，ウェファーは医師として非常に人気があり，当時中央ヨーロッパの各地を支配していた王家の侍医を務めた。ウェファーは名高い解剖学者だったが，それだけでなく，ドクニンジンなどの自然毒物の研究にも興味があった。そして，治療にヒ素や水銀などを使うと効果よりも害が上回ることを指摘した。

ジョヴァンニ・アルディーニ

生　年	1762年4月10日
生誕地	イタリアのボローニャ
没　年	1834年1月17日
重要な業績	体内における電気の役割の研究

ジョヴァンニ・アルディーニは家業を継いだともいえる。叔父のルイージ・ガルヴァーニは，動物の組織に電流が流れることを発見して有名になった。この発見を受け，ほかの研究者らは電気技術の構築を行ったが，ジョヴァンニ・アルディーニは公開実験をすることで有名になった。電流を使って死体を「蘇生」させてみせるのだが，なかでも有名なのは，数時間前にロンドンの刑務所で頭と体を切断されたばかりの受刑者ジョージ・フォスターの実験だった。アルディーニは物理学者でもあり，ボローニャ大学の教授も務めていた。炎の性質に関する研究を行い，灯台の設計も行った。

フランツ・ヨーゼフ・ガル

生　年	1758年3月9日
生誕地	ドイツのティーフェンブロン
没　年	1828年8月22日
重要な業績	骨相学の祖

骨相学理論の祖として知られるガルは，幼少期からこの考えを持ち続けていた。現代の視点からすると，ずいぶん突飛な人物である。性格は頭蓋骨の形状に現れるとするガルの理論は誤っていた。しかし，この理論が，今日の脳地図作製の原動力となった。こうした進展の一部は，ガルが精神病院ではたらいていたときに行った定期的な解剖学的研究のおかげである。また，ガルは骨相学において精神的な活動を担う脳領域の特定を試みた。のちに心や動機，決断に関する研究分野は「心理学」として知られるようになった。

カール・オーガスト・ウェインホールド

生　年	1782年10月6日
生誕地	ドイツのマイセン
没　年	1829年9月29日
重要な業績	脳内の電気的活動の研究

ドイツ出身のカール・オーガスト・ウェインホールドは，ネコの脳を金属の混合物に置き換え，そして，そのネコがまだ動けるという驚くべき（むしろ信じがたい）結果を公表した。しかし，ウェインホールドが悪名高かったのはこれが主な理由ではなかった。王の相談役としてプロイセンの上流社会に仲間入りする前は軍医だったが，人口過剰を懸念して，すべての未婚女性に陰門封鎖をすることを提唱した。つまり，取り外し可能な金属クリップで陰唇を挟めというのだ。ウェインホールドは注射と同じくらい簡単な処置だと主張したが，幸い，政府はこの政策を採用しなかった。

ヤン・エヴァンゲリスタ・プルキンエ

生　年	1787年12月17日
生誕地	リボホヴィツェ（現チェコ共和国）
没　年	1869年7月28日
重要な業績	神経細胞の発見者

　プルキンエの名前がつけられたものは数多く，その分野は多岐にわたる。脳に関連のあるものでは，プルキンエ細胞がある。小脳に発見された大きなニューロンで，初めて報告された神経細胞の一つだ。ほかには，心筋の収縮に関係するプルキンエ線維がある。眼が色を認識する仕
組みに関連するもので，彼の名前を冠した名称もたくさんある。また，指紋の分類をしたり，血液成分の名称をつけたりもした。プルキンエが使っていたプラズマ（血漿（けっしょう））という呼称は，現在も使われている。医療分野以外では，早い時期から動画撮影に興味を示していた。

ベルンハルト・フォン・グッデン

生　年	1824年6月7日
生誕地	ドイツのクレーウェ
没　年	1886年6月13日
重要な業績	脳標本用のミクロトームの発明者

　フォン・グッデンはミクロトームの発明において神経科学に貢献した。ただし，この功績も，バイエルンの「狂王」として知られるルートヴィッヒ2世とのかかわりのせいで影が薄くなった。フォン・グッデンは，卓越した神経科医としてバイエルンで出世したため，侍医に指名された。侍医が必要だったという理由もあるが，権威者たちは浪費癖のある君主を王座から下ろす方法を探す目的もあった。1886年6月10日，王は退位させられ，フォン・グッデンとともに湖畔の屋敷に移った。そこで
何が起きたのかは誰にもわからないが，3日後，王は侍医のグッデンとともに死体となって湖に浮いているところを発見された。

テオドール・シュワン

生　年	1810年12月7日
生誕地	ドイツのノイス
没　年	1882年1月11日
重要な業績	細胞説を提唱

　生物学の基礎をなす細胞説を提唱したテオドール・シュワンは，神経細胞の研究をしているときにその着想を得た。細胞説では，多種多様な生命体はすべて細胞という小さな単位体からできており，神経細胞もその一つであるとする。神経に関するシュワンの研究は，彼の名を冠したグリア細胞の一つ「シュワン細胞」として残されている。
　また，筋肉の細胞構造を明らかにしたことでも貢献し，消化酵素ペプシンを発見したり，「メタボリズム（代謝）」という用語を作ったり，パンを膨らませるイーストはそれ自体が単細胞生物であることを明らかにしたりした。

ポール・ブローカ

生　年	1824年6月28日
生誕地	フランスのサント＝フォワ＝ラ＝グランド
没　年	1880年7月9日
重要な業績	言語野が前頭葉に位置することを特定

　ポール・ブローカはある意味，科学の反逆者であった。ブローカは，16歳にして大学を卒業し，20歳で医師の資格を取得した。皮膚科医と泌尿器科医としてはたらき始め，1848年には，進化論を探究して協会を設立した。ダーウィンの思想は1859年に広く世に知れ渡ったが，科学界ではそれ以前にも噂になっており，ブローカ
はこれに共感していた。ブローカは「私は堕落したアダムの息子であるよりもむしろ変異した類人猿でありたい」という姿勢を示し，教会と階級社会を敵にまわした。しかし，彼の名声は保たれ，晩年，ブローカはフランスの元老院議員を務めた。

ジャン＝マルタン・シャルコー

生年	1825年11月29日
生誕地	フランスのパリ
没年	1893年8月16日
重要な業績	近代神経学の祖

ジャン＝マルタン・シャルコーは，あまたいる研究者のなかから，神経科学のなかの医学分野で「臨床神経学の父」と呼ばれた。パリにサルペトリエール病院を設立し，ヨーロッパ初の神経内科クリニックとして，精神医学・心理学だけでなく広範囲にわたり影響を及ぼした。シャルコーは主にヒステリーの研究を行った。ヒステリーはのちにほかの研究者らによって精神疾患あるいは神経症の一つに分類された。弟子にはトゥーレット，バビンスキー，フロイトらがおり，シャルコー自身は自らの名がついたシャルコー病（ALSとしても知られている）やシャルコー・マリー・トゥース病などを記載したことで有名だ。

ジョン・ヒューリングス・ジャクソン

生年	1835年4月4日
生誕地	英国のグリーン・ハンマートン
没年	1911年10月7日
重要な業績	脳の階層説を提唱

ジョン・ヒューリングス・ジャクソンはビール醸造者の息子で，ロンドンで医師の資格を取得した後，ヨークシャーに短期間滞在してから首都ロンドンに戻ってはたらいた。ジャクソンはてんかんの研究に興味をもち，彼の名を後世に残す概念を形成した。すなわち，神経系は三つの層によって構成され，最下層はすべての動物に共通する原始的な機能をつかさどり，真ん中の層は随意運動，そして最上層は「人間らしい」機能をつかさどるというものである。上層部を損傷すると，ちょうど進化と逆のプロセスにより，患者はもっと「動物的な」レベルに退化するとジャクソンは唱えた。

ヘンリー・モーズリー

生年	1835年2月5日
生誕地	英国のギッグルスウィック
没年	1918年1月23日
重要な業績	パーソナリティ障害の概念を発展させた

先駆的な英国の精神科医ヘンリー・モーズリーは，ヨークシャーの人里離れた土地で生まれた。裕福な農業主の息子だった。母親は若くして亡くなったので，幼いヘンリーは叔母に育てられ，叔母は早い時期から熱心に勉強を教えた。大学では成績優秀だったが，多くの教師と対立したと報告されている。外科医になりたいという夢を邪魔されたと感じたためもしれない。やがて精神科医に落ち着いた後，モーズリーは義父が開業した個人の精神病院を引き継いだ。晩年，モーズリーはキャリアの選択を誤ったと後悔し，哲学とクリケットに打ち込んだ。

エドワルド・ヒッツィヒ

生年	1838年2月6日
生誕地	ドイツのベルリン
没年	1907年8月20日
重要な業績	運動皮質の領域を特定

エドワルド・ヒッツィヒは電流を用いた脳の研究の先駆者で，随意運動をコントロールする「運動領域」を明らかにした。電気刺激に興味を抱いたのは，プロイセンで従軍医師として仕事を始めたときだった。ヒッツィヒは，頭部を骨折した兵士の頭蓋骨に電流を流すと，けいれんを引き起こせることを発見した。その後，グスタフ・フリッシュとともにイヌを使った画期的な実験を行い，スイスで精神科医のキャリアを積むと，最終的には現ドイツにあるハレ大学の教授になった。

偉大なる神経科学者たち * 131

グスタフ・フリッシュ

生　年	1838年3月5日
生誕地	ドイツのコトブス
没　年	1927年6月12日
重要な業績	運動皮質の領域を特定

グスタフ・フリッシュはエドワルド・ヒッツィヒの共同研究者だった。二人は初めて特定の脳領域と機能を直接関連づけたことで功績が認められた。実験は当初ヒッツィヒの寝室で行っていたが，フリッシュが仲間に加わり，ベルリンの大学に場所を移した。しかし，フリッシュは室内実験だけでは満足できない熱心な探検家だった。1860年代は南アフリカを旅してまわり，1874年には中東を訪れて金星の太陽面通過を観測したりエジプトで考古学に触れたりした。1880年代に入ると，動物学に傾倒し，電気魚の専門家になった。

ウィリアム・ジェームズ

生　年	1842年1月11日
生誕地	米国のニューヨーク
没　年	1910年8月26日
重要な業績	情動の理論を提唱

ウィリアムは，ジェームズ家でいちばん有名な人物というわけではなかった。弟ヘンリー・ジェームズは『ある貴婦人の肖像』『ねじの回転』などを著した有名な米国の小説家である。父親は著名な神学者，妹は自らつづった日記で名を残している。（これは彼女の闘病生活を本にしたもので，ウィリアムに対する特別な感情もうかがえる。）ウィリアムは，若い頃画家になる夢を抱いていたが，やがて医学の道を選び，卒業後は心理学に興味をもった。（そして彼自身も精神疾患に苦しむこととなる。）三つ目のキャリアには哲学を選び，1907年までハーバード大学で教鞭をとった。

ハーマン・ムンク

生　年	1839年
生誕地	ポーランドのポーゼン
没　年	1912年
重要な業績	視覚皮質の領域を特定

ハーマン・ムンクは現ポーランドで生まれたユダヤ系ドイツ人である。ベルリン大学では，獣医学部で線虫のライフサイクルに関する研究を主に行った。線虫は失明の原因となりうるものであるが，ムンクが脳科学の道を選んだのも，イヌの視力の研究をしたことがきっかけだった。ムンクは，後頭葉を損傷すると全盲になることを発見した。また，「精神盲」といって，脳損傷を受けたイヌが，周囲のものを見て歩き回ることはできるのに，これまで馴染みのあったものを認識できなくなったことも発見した。この研究は，視覚皮質がどのように視覚記憶や純粋な認識に関与しているのかを知る最初の手がかりを提供した。

デーヴィット・フェリアー

生　年	1843年1月13日
生誕地	スコットランドのウッドサイド
没　年	1928年3月19日
重要な業績	感覚皮質の領域を特定

フェリアーは，アバディーン大学医学部に在籍しているときに脳と心理学に興味をもつようになり，やがてドイツでヘルマン・フォン・ヘルムホルツ率いる実験心理学の研究チームの一員としてはたらいた。実験心理学は，当時，できたばかりの分野だった。フェリアーはその後ロンドンで職を探し，そこで感覚器と運動反応の関係を調査していたジョン・ヒューリングス・ジャクソンと知り合った。ジャクソンに刺激を受けて，フェリアーは似たような研究をヨークシャーで開始した。フェリアーは生きた動物で研究を行ったため，生体解剖反対主義運動の標的となった最初の研究者の一人となった。

カミッロ・ゴルジ

生年	1843年7月7日
生誕地	イタリアのコルテノ（現コルテノ・ゴルジ）
没年	1926年1月21日
重要な業績	神経細胞の染色法を開発

　カミッロ・ゴルジは，神経科学と生物学全般に多大なる影響を及ぼした。彼の功績をたたえて，故郷の町コルテノはコルテノ・ゴルジに改名されたほどである。ゴルジは父親にならって医学の道に入ったが，診療よりも研究に興味をもった。1865年に医師として卒業すると，1870年代初期に染色技術を発展させて，神経細胞の研究に革命を起こした。大発見をいくつもし，たとえば腎臓の構造解明の手助けをしたり，細胞から物質を放出する器官（今でいうゴルジ体）のネットワークを発見したりした。

エミール・クレペリン

生年	1856年2月15日
生誕地	ドイツのノイシュトレーリッツ
没年	1926年10月7日
重要な業績	双極性障害を報告

　クレペリンは多くの人から近代精神医学の祖と認められ，脳に影響を与える薬物の使用に関する研究を先駆的に行った。クレペリンは，精神疾患には生物学的要因があると信じていた。このようなクレペリンのアイデアは，同世紀に活躍したジークムント・フロイトの栄光により影が薄いものの，現在も高く評価されている。1883年，クレペリンは『精神医学提要』を出版し，精神疾患を引き起こす身体的原因の研究を論じ，精神疾患の分類システムの基盤を築いた。クレペリンは，精神病院の環境改善を訴え，精神疾患の患者を留置するのではなく治療するべきだと呼びかけた。

サンティアゴ・ラモン・イ・カハール

生年	1852年5月1日
生誕地	スペインのペティリャ・デ・アラゴン
没年	1934年10月17日
重要な業績	ニューロン説を発展させた

　子どもの頃のサンティアゴは問題児だった。規則に従わなかったため何度も転校し，いつも絵を描いたり運動したりして，両親からはよく思われなかった。サンティアゴは床屋の見習いをしていたが，父親は医学に興味をもたせようと息子を墓場へ連れて行き，人骨の収集をさせたという。サンティアゴは骨のスケッチを楽しみ，サラゴサで医学の勉強を始めた。やがて軍医になりキューバで軍務に就いたが病気になった。そこで研究の仕事に戻り，ミクロトームとゴルジ染色法を組み合わせて，神経細胞の成長を研究した。

ジークムント・フロイト

生年	1856年5月6日
生誕地	フライベルク（現チェコ共和国のプリボイ）
没年	1939年9月23日
重要な業績	精神分析学の創始者

　思考にふけることの多かった幼少期，フロイトの家庭生活は不安定なものだった。父親ヤコブは先妻とのあいだに二人の息子がいて，フロイトの母である二番目の妻はあまりにも若かった。幼い頃は甥のジョンと遊ぶことが多かったが，その彼もフロイトが4歳のときに引っ越してしまう。9歳になる頃には，さらに6人の兄弟姉妹ができていた。母親には深い愛情を抱いたが，父親との関係は疎縁になった。1886年，フロイトはウィーンで個人病院を開業し長年はたらいたが，1938年にユダヤ人であるためにロンドンに亡命しなければならなかった。亡くなったのはその翌年だった。

オイゲン・ブロイラー

生　年	1857年4月30日
生誕地	スイスのツオリコン
没　年	1939年7月15日
重要な業績	統合失調症を報告

統合失調症研究の第一人者となったブロイラーは，もともとは農家の息子で，パリのジャン＝マルタン・シャルコーとミュンヘンのベルンハルト・フォン・グッデンのもとで学んだ。チューリッヒ大学で臨床医としてはたらき，そこで指導者になった。ブロイラーはフロイトと同様に精神疾患の原因は無意識のなかにあると考えた。1905年からはフロイトとともに自己分析を行ったが，ブロイラーはこのアイデアに幻滅し，精神疾患の物理的原因を探し始めた。これがのちに統合失調症の研究につながった。同時にブロイラーは，アルコールと精神疾患との関係を探究した。

ジョゼフ・バビンスキー

生　年	1857年11月17日
生誕地	フランスのパリ
没　年	1932年10月29日
重要な業績	足底反射の発見

フランス系ポーランド人の医師で，バビンスキー反射を発見したことで名が知られている。バビンスキー反射とは，足裏を刺激したときに親指が反り返る現象のことをいう。この反射は新生児および睡眠時では正常な反射だが，大人の足で見られる場合は異常があることを示す反応である。バビンスキーは，パリ病院に勤めていた1896年にこの反射と神経疾患との関係を突き止めた。バビンスキー反射は今日も検査に用いられており，異常があれば脊髄と脳をさらに調べる。バビンスキーの最初の仕事はジャン＝マルタン・シャルコーの助手だった。（59ページで「ヒステリー性麻痺（まひ）」の女性を支えているのが彼である。）

ジョルジュ・ジル・ド・ラ・トゥーレット

生　年	1857年10月30日
生誕地	フランスのサン＝ジェルヴェ＝レ＝トロワ＝クロッシェ
没　年	1904年5月26日
重要な業績	トゥーレット症候群を報告

ジョルジュ・ジル・ド・ラ・トゥーレットはポアティエで医学を学んだ。医師の資格を取得した後は，パリでジャン＝マルタン・シャルコーの生徒となり，やがて個人助手を務めるようになった。トゥーレットは刑事裁判で精神疾患を考慮するべきだとする主唱者だった。1893年，女性の患者がトゥーレットの頭を銃で撃ったが，それはトゥーレットが暗示をかけて症状を起こしたからだと訴えた。トゥーレットは一命を取り留めたが，この経験と幼い息子の死が重なって，双極性障害に似た病気に苦しんだ。亡くなる前の2年間は，精神病院に閉じ込められていた。

チャールズ・スコット・シェリントン

生　年	1857年11月27日
生誕地	英国のロンドン
没　年	1952年3月4日
重要な業績	シナプスを発見

シェリントンの家系については不明である。ジェームズ・シェリントンにちなんでつけられた名前だが，カレブ・ローズの私生児であると信じられている。どちらも医師である。シェリントンは1878年に外科医になり，生理学への関心を深めていった。しかし，長い休暇をとってヨーロッパを旅してまわり，神経科学の分野の著名人と会うと，英国に戻って学者生活を始めた。シェリントンは1932年に反射弓についての研究でノーベル賞を受賞した。反射弓とは，脳とは独立した，脊髄を通る触覚と筋肉の神経回路である。

アロイス・アルツハイマー

生　年	1864年6月14日
生誕地	ドイツのマルクトブライト
没　年	1915年12月19日
重要な業績	認知症のなかでもっとも多い型を報告

アロイス・アルツハイマーの名前は先進国では非常によく知られており，65歳以上の人口の3％が彼の名を冠した病気で苦しんでいる。アルツハイマーは1900年代初期にこの病気を報告し，エミール・クレペリンがその研究を発展・普及させたことにより，「アルツハイマー型認知症」の呼称がつけられた。アルツハイマーは臨床医生活のほとんどをミュンヘンの診療所の運営に費やした。（ただし，最初のアルツハイマー病患者に会ったのはフランクフルトだった。）1912年，アルツハイマーはブレスラウ大学（現ポーランドのヴロツワフ大学）で教授の職を得たが，新しい家に向かう列車のなかで感染症にかかり健康を損なった。それから完全に回復することはなく，3年後に没した。

カール・ユング

生　年	1875年7月26日
生誕地	スイスのケスヴィル
没　年	1961年6月6日
重要な業績	分析心理学を発展させた

カール・ユングは幼少期に悲惨な出来事を経験した。スイスの牧師の子で，唯一生き延びた息子だった。母親はうつ病と妄想に悩まされ，ほとんど病院にいた。子ども時代，カール・ユングは自分は二重人格であると信じていた。一人は子どもで，もう一人は昔から尊敬されている老人だった。父親とは強い絆で結ばれていたが，母親には見捨てられたと感じていて，これが原因で女嫌いになり，大人になると女たらしになった。分析心理学は，性格は無意識下の元型がはたらいた結果であるとするものだが，これはユングの神秘的かつ精神的な経験が入り交じった結果である。

オットー・レーヴィ

生　年	1873年6月3日
生誕地	ドイツのフランクフルト
没　年	1961年12月25日
重要な業績	神経伝達物質を発見

レーヴィは，もともと病人の治療をしようとフランクフルトの病院ではたらいていた。しかし，あまりにもたくさんの患者が治療法のない病気で苦しんでいることに嫌気がさして，1890年代後半に研究の道を選んだ。レーヴィは，アセチルコリンを発見した英国のヘンリー・デールと親しくなり，アセチルコリンが組織の神経伝達物質であることを示した。1936年，二人はともにノーベル賞を受賞した。2年後，ユダヤ人のレーヴィはドイツからの亡命を余儀なくされた。一文無しになったレーヴィは，ロンドンでデールに援助を受けて米国に渡った。

ナサニエル・クレイトマン

生　年	1895年4月26日
生誕地	キシナウ（現モルドバ共和国）
没　年	1999年8月13日
重要な業績	睡眠研究の祖

ナサニエル・クレイトマンはシカゴで研究生活を送った。ユダヤ人のクレイトマンは迫害から逃れるために移住しなければならず，最終的には1915年にニューヨークにたどり着いた。それから10年と経たないうちに，シカゴ大学の一員としてはたらき，睡眠の専門分野を発展させた。クレイトマンが睡眠に興味をもったのは，意識に対する興味に端を発していた。睡眠時の無意識について研究することにより，意識についてより理解を深めようと考えたのだ。この研究資金の一部は，睡眠に興味をもっていたワンダーカンパニーより提供された。ワンダーカンパニーの麦芽入り飲料オバルチンは，不眠を改善する効果があるという触れ込みで販売された。

偉大なる神経科学者たち * 135

グレイ・ウォルター

生　年	1910年2月19日
生誕地	米国のミズーリ州カンザスシティー
没　年	1977年5月6日
重要な業績	人工知能の先駆者

ウォルターは米国で生まれ，子どもの頃にロンドンに引っ越した。1939年に英国のブリストルにあるバーデン神経学研究所で職を得て，1970年まではたらいた。脳波計を用いて脳の活動領域を地図化し，同システムを使って腫瘍を特定することにも成功した。また，ウォルターは意識的な行動に先行する「準備電位」を発見した。もっとも偉大な功績は「カメロボット」で，神経細胞ネットワークの限界を探究したことである。1970年，ウォルターはスクーターに乗っているときに事故に遭い，脳損傷を負って衰弱した。以来，完全に回復することはなかった。

アンドリュー・ハクスリー

生　年	1917年11月22日
生誕地	英国のロンドン
没　年	2012年5月30日
重要な業績	活動電位の発見

アンドリューは有名なハクスリー家に生まれた。異母兄弟のオルダス・ハクスリーは小説家，ジュリアンは生物学者で自然保護論者，そして祖父のトマス・ハクスリーは「ダーウィンの番犬」と呼ばれた，1860年代に進化論を支持した中心人物だった。アンドリューはアラン・ホジキンとともに，ノーベル生理学・医学賞の受賞者として名を残すほどの研究を行った。神経信号を電気パルスとして運ぶ活動電位を明らかにしたのだ。ハクスリーは，さらにドイツの生理学者ロルフ・ニーダーゲルケと一緒に，筋肉が電気シグナルを受け取った後，どのように収縮するのかを明らかにした。

アラン・ロイド・ホジキン

生　年	1914年2月5日
生誕地	英国のバンベリー
没　年	1998年12月20日
重要な業績	活動電位の発見

ホジキンは第二次世界大戦中，敵国からの脅威に対抗するために英国で開発されていた極秘レーダー防衛システムの任務を任された。ホジキンは1941年に行われた世界初のレーダー機の試験飛行をした。戦後はケンブリッジ大学に戻り，1935年から行っていたアンドリュー・ハクスリーとの共同研究を再開した。1952年になる頃には，研究の結果を発表する準備を整え，活動電位という電気信号がどのように神経細胞の軸索を移動するのかを示した。この活動電位は，脳と体すべてにおける電気活動の源であった。この発見によって，1963年のノーベル生理学・医学賞を受賞した。

エリック・カンデル

生　年	1929年11月7日
生誕地	オーストリアのウィーン
没　年	－
重要な業績	分子レベルで記憶の仕組みを解明

カンデル一家は，オーストリアがナチスドイツによって併合された1938年に故郷を離れ，ニューヨーク州ブルックリンに移り住んだ。カンデルが最初に取得した学位はハーバード大学の歴史文学であり，そこでは国家社会主義（ナチズム）の高まりを調査した。しかし，カンデルはハーバード大学在学中に，心理学と神経科学を厳密に区別したB.F.スキナーの研究に興味を抱くようになった。カンデルは両学問を理解し関連づけるために記憶の研究を始めた。1960年代から1970年代にかけて，カンデルは記憶が形成される分子レベルの機構を発見し，2000年にノーベル生理学・医学賞を受賞した。

監訳者あとがき

　本書は，脳と神経について「歴史を変えた100の大発見」をまとめたものであり，すばらしい大発見の数々とそれにつながるあやしい小発見が述べられている。話がページで区切られているので小さくまとまっており，きちんと歴史をたどるように構成されているのが特徴である。それと同時に，当時の写真・絵やイラストがリアルに示されていて，読者の皆様も話に引き込まれること間違いない。私個人としては，あやしい小発見のほうにも心が動かされるが，まずは大筋を見ていくことにしよう。

　本書はまず，「心が脳に宿る」ことがいか導かれたか，現在の脳科学，精神医学が過去のどのような実験の積み重ねで作られたのかについて100の項目でまとめている。そのあと，「脳の基礎」といういわゆる用語解説から始まり，「なぜ右利きが多いのか」，「脳は自身を理解できるか」，「どのようにして話し方を学ぶのか」，「なぜ夢を見るのか」など，わかっているようでいまいち理解できていないことを説明してあるのも大きな特徴である。また，末尾に有名な神経科学者の写真と履歴，ならびに年表がつけられており，私ども教育にかかわる人間にとってありがたい構成になっている。本書のどこから紹介してもいいのだが，いくつか驚いた点を挙げてみたい。

　まずイントロダクションの写真だが，デュシェンヌの有名な通電の実験やシャルコーのヒステリー麻痺の講義が使われている。失神した女性を題材に，神経学者シャルコーがバビンスキーやジル・ド・ラ・トゥーレットなどの医師たちに講義をしている絵なのだが，当時の雰囲気がよくわかるとともに，神経学に名を残した人たちが一堂に会していることにも感動する。

　フィネアス・ゲージの話はご存知の読者も多いだろう。まじめな鉄道技術者のゲージが間違って火薬を爆発させてしまい，鉄の棒が頭を貫通した，という話である。このようなことで命が失われなかったという点も驚くべきことだったが，なによりも事故後これまでの性格が一変したという点が精神医学的に重要であった。これから，「信頼できる性格」は脳の特定の部分に宿る，すなわち脳には機能分担がある，という有名な事実が浮かび上がったのである。ここまでは教科書に書いてある話なのだが，本書では「ゲージの性格変化は，神経科学の理論に合うように誇張されているのでは？」という疑問がさりげなく提出されている。こういうところが正直でよいところだ。もう一つ挙げると，IQの項目で上位2%が招待されるといわれている狭き門のメンサの入会者が（理論上は1.4億人いるはずなのに）12.1万人しかいないことを揶揄しているところなど，著者の斜に構えた姿勢が見えてほほえましい。

　内容は神経学，精神医学から心理学の分野にまでわたっており，一部では超心理学なるものも紹介されている。20世紀の終わりに至っても，「神のヘルメット」をかぶって超自然的宗教体験をさせようとする試みが行われるなど，脳神経の研究がいつ何時テレパシー，心霊の研究に置き換えられるかわからない時代である。歴史は繰り返す，といわれるように歴史から学べることは多い。最終項に近づくにつれて，意識，パーソナリティ，人工知能（AI）という項目が続き，これらの難問が解かれる日が待ち遠しいが，脳が機械とつながって記憶が自由に出し入れされたり，AIが人の能力を超えて学習可能になったときに人間はどのようにして自我をもち続けるのか，など気になるところも多い。その意味で，脳と心のことをもう一度じっくり考えてみるのもいいのではないか。

2017年10月

石　浦　章　一

索引

※特に詳しい解説が記載されているページは太字で示した。

■欧文

AI　**98**, **113**
CBT　**99**
CJD　**75**
ECG　**58**
ECT　**90**
EEG　**58**
fMRI　**108**
intelligence quotient（IQ）　**82**
MRI　**108**
PET　**106**

■あ行

アイデンティティ　**106**
アインシュタイン, アルベルト　122
アイントホーフェン, ウィレム　58
アヴィセンナ　16
アウグスティヌス　15
赤ん坊　125
アクィナス, トマス　18, **127**
悪霊　9, 10
アスクレペイオン神殿　14
アストロサイト　43
アスペルガー症候群　92
アセチルコリン　86
アゼリンスキー, ユージン　102
「アダムの創造」　20
アドレナリン　86, 88, 118
アヌビス　8
アポプレキシー　22
『アポプレキシア』　23
アリストテレス　14, 16, 84
アルクマイオン　11, 13
アルツハイマー, アロイス　**74**, **134**
アルツハイマー病　**74**
アルディーニ, ジョヴァンニ　31, **128**
アル＝ハイサム, イブン　16, 54, **127**
アルハゼン　16
アルファ波　59, 103, 122
アル＝ラーズィー　23
アレクサンドリア　11
安静状態　122
安静と消化　72
暗箱　17

胃　118, 119
イオン　100
怒り　88
意識　24, 39, 57, **110**, 122
石黒浩　107
異常プリオン　75
一次視覚野　61
溢血　22
イデア　12
イド　67
意味　125
意味記憶　104
イムホテプ　8, 9
色消しレンズ（色収差補正レンズ）　36
陰部神経　116

ヴァレンティン, ガブリエル　37
ヴィトウス　28
ウィリス, トーマス　2, **26**, 27, 72, 81
ウィリス動脈輪　**26**
ウィルソン, S.A. キニエ　81
ウィルヒョウ, ルドルフ　43
ウェインホールド, カール・オーガスト　31, **128**
ヴェサリウス, アンドレアス　21, 25, 41, 42, 81, **127**
ウェファー, ヨハン・ヤコブ　23, **128**
ウェルニッケ, カール　65
ウェルニッケ野　65, 76
ウォラー, オーガスタス　89
ウォルター, ウィリアム・グレイ　**98**, **135**
うつ病　49, 73, 91
右脳　64, 94
ウルフ, ヴァージニア　73
運動　48, 74, 84
運動感覚　52
運動機能　69
運動障害　22, 34
運動神経　15, 35, 51, 70
運動性ホムンクルス　**114**
運動チック　62
運動中枢　**51**
運動ニューロン　43
運動皮質　28, 51, **114**

エウスタキオ, バルトロメオ　41
エウスタキオ管　41
エゴ　67
エックハルト, コンラッド　42
エーテル　39
エドヴィス・スミス・パピルス　8
エピクロス　11
エピソード記憶　104
エーベルス・パピルス　8

エリス, アルバート　99
エリニュエス　10
エレボス　13
エーレンフェルス, クリスチャン・フォン　85
エーレンベルク, クリスチャン・ゴットフリート　37
『遠隔光線屈折学的人工眼』　11
エングラム　**4**, **104**, 123
延髄　4, 35
エンペドクレス　13

黄胆汁　10
汚言症　62
オペラント条件づけ　96
オリゴデンドロサイト　43
温覚　69
音声チック　62

■か行

介在ニューロン　43, 51
外耳　41
概日リズム　122
外耳道　41
外送理論　11, 30
外側溝　5
外側膝状体　60
外転神経　117
開頭術　7, 10
海馬　75, 97, 122
外胚葉性体型　93
灰白質　27, 51
回避性障害　112
解剖学　19
『解剖学著書』　26, 27
解離性同一性障害　**79**
会話療法　66, 99
カウンセリング　99
下顎骨　4
蝸牛　41, 89
学習　98
覚醒発作　102
角膜　54, 55
仮死状態　124
下垂体　4, 88
下垂体ニューロン　43
ガスケル, ウォルター・H　72
可塑性　104
カタルシス　67
下直筋　55
滑車神経　117
カッツ, バーナード　100
活動電位　**100**
カテゴリー錯誤　96
カーヘン, リチャード　58

かなしばり　102
カハール, サンティアゴ・ラモン・イ　37, 70, **132**
神のヘルメット　109
カメラ・オブスキュラ　17
カリウムイオン　101
ガル, フランツ・ヨーゼフ　**32**, 44, 60, **128**
ガルヴァーニ, ルイージ　**30**, 48, 100
ガルボ, グレタ　112
ガレノス　**14**, 15, 18, 21, 23, 30, 38, 42, 54, 72, 84, **126**
ガレノスの神経　14
感覚　52, 69, 84
感覚記憶　104
感覚神経　35, 51, 70
感覚性ホムンクルス　**114**
感覚中枢　51
眼疾患　9
感情　18, 73, 96, 97, 99, 121
──の機能　53
感情障害　49
汗腺　69
肝臓　118, 119
桿体細胞　55
カンデル, エリック　**104**, **135**
感応電流　51
ガンマ線　106
ガンマ波　59
顔面神経　117

記憶　27, 74, 87, 96, 107, 122, 123
記憶痕跡　**4**, **104**, 123
機械のなかの幽霊　96
気管　42
利き手　65, 120
偽単極性ニューロン　43
希突起膠細胞　43
機能　78
機能解剖学　5
機能的磁気共鳴画像法（fMRI）　**108**
気分障害　49
奇網　21
キャノン, ウォルター　88
キャンベル, アルフレッド・ウォルター　76
嗅覚　**42**, 45
嗅球　42
嗅索　42
嗅神経　117
旧哺乳類脳　97
嗅葉　97

橋　　4, 118
境界性障害　　112
頬骨　　4
胸神経　　116
胸髄　　118
共通感覚　　27
強迫性障害　　112
胸部神経　　116
強膜　　55
共鳴理論　　89
虚血性脳卒中　　23
キリスト教　　15, 18, 20
金属含浸　　70
緊張病　　79

空間認識能力　　65
クオリア　　111
グッデン，ベルンハルト・フォン　　57, **129**
グドール，ジェーン　　96
クラウゼ小体　　69
グラスゴー・コーマ・スケール　　105
クラーレ　　**38**
グリア細胞　　**43**
グリッドン，ジョージ　　46, 47
クレイトマン，ナサニエル　　102, **134**
クレペリン，エミール　　73, 78, **132**
クロイツフェルト・ヤコブ病（CJD）　　**75**
黒い反応　　56
クロロホルム　　39

経験主義学派　　29
脛骨神経　　116
茎状突起　　41
頚神経　　116
頚髄　　118
ゲージ，フィネアス　　40, 64
ゲシュタルト　　85
ゲシュタルト思考　　**85**
血液　　10
結膜　　55
ケルスス　　41
幻覚　　78
元型　　67
原型　　12
言語　　120
言語障害　　23, 65
言語喪失　　**44**
言語中枢　　44, 65, 125
幻肢　　**52**
元素　　9
幻聴　　79
顕微鏡　　36

『光学』　　30
『光学の書』　　17
交感神経　　72, **118**

後弓反張　　105
虹彩　　54, 55, 118
高次実行機能　　69, 85, 96
交通動脈　　26
行動　　96, 99, 111, 112
喉頭蓋　　42
後頭骨　　4
後頭葉　　5
行動療法　　99
幸福感　　97
呼吸中枢　　35
黒質　　34
黒死病　　21
黒胆汁　　10, 23
心　　96
　──の病気　　49
　──の理論　　**92**
鼓室部側頭骨　　41
五臓六腑　　9
骨髄　　118
骨相学　　32, 40, 44
ゴッホ，ヴィンセント・ファン　　73, 112
言葉　　125
言葉のサラダ　　78
コノリー，ジョン　　49
コフカ，クルト　　85
鼓膜　　41
コミュニケーション　　120, 125
コモンセンス　　2
ゴルジ，カミッロ　　**56**, 68, 70, **132**
ゴルジ染色　　56, 70
ゴルジ体　　56
コルチ，アルフォンソ　　41
ゴルツ，フリードリヒ　　69
ゴールトン，フランシス　　82, 93
コールリッジ，サミュエル・テイラー　　38
昏睡　　**105**
コンピュータ　　113
コンプレックス　　67

■さ行
再分極　　101
細胞構築学　　76
細胞小器官　　56
細胞説　　**37**
細胞体　　36
『細胞病理学』　　43
細胞膜　　100
催眠術　　**59**
催眠状態　　60
サヴァン症候群　　92
作業記憶　　104
坐骨神経　　116
左脳　　64, 94, 120
三叉神経　　117
三焦　　9
三半規管　　41, 89

シー，ジャーマン　　34
自意識　　109
ジェイコブソン，エドモンド　　102
ジェミノイド　　107
ジェームズ，ウィリアム　　63, **131**
ジェームズ－ランゲ説　　**63**
シェリー，メアリー　　31
ジェリノー，エドゥアール　　60
シェリントン，チャールズ・スコット　　70, 71, **133**
シェルドン，ウィリアム　　93
ジェンナリ，フランチェスコ　　61
ジェンナリ線　　61
耳介　　41
視蓋前核　　61
視覚　　11, 16, 30, 45, **60**
視覚神経　　30
視覚ニューロン　　43
視覚野　　60
時間　　122
磁気共鳴画像法　　108
色素細胞　　55
色盲　　**61**
『ジキル博士とハイド氏』　　64
軸索　　36, 70
刺激の貧困　　125
自己　　109
自己愛性障害　　112
思考　　96, 99, 111
視紅　　55
視交叉　　**30**, 60
志向性　　**57**
自己開示　　67
篩骨　　4, 42
自己認識　　74
視索　　60
支持細胞　　45
視床　　4
視床下部　　4, **88**
視床前核　　97
糸状乳頭　　45
茸状乳頭　　45
視神経　　55, 60, 117
「システィーナ礼拝堂天井画」　　20
シータ波　　103
実行機能　　69
失行症　　**74**
失語症　　44, 65
失読症　　**76**
シデナム，トマス　　28
シデナム舞踏病　　**28**
自伝的記憶　　104
シナプス　　70, 86
シナプス間隙　　86
自閉症　　**92**
自閉症スペクトラム障害　　92
ジャクソン，ジョン・ハチスン　　34
ジャクソン，ジョン・ヒューリングス　　65, 74, 97, **130**
斜視　　9

尺骨神経　　116
シャルコー，ジャン＝マルタン　　3, 34, **59**, 66, **130**
自由意志　　111
集会病　　80
集合的無意識　　67
自由神経終末　　69
周波数理論　　**89**
自由否定　　111
重複型精神病　　73
樹状突起　　36, 70
主題　　67
シュルツ，マックス　　42
シュワン，テオドール　　37, 43, **129**
シュワン細胞　　43
循環気質　　73
循環精神病　　73
準備電位　　**111**
上顎骨　　4
松果体　　25
笑気ガス　　38
上丘　　61
硝子体液　　54, 55
症状　　78
小腸　　119
上直筋　　55
衝動　　112
小脳　　4, 5, 27, **84**, 122
小脳ニューロン　　43
小葉　　84
食道　　42
触覚　　51, **69**, **114**
触覚情報　　114
除脳姿勢　　105
除皮質姿勢　　105
ジョンソン，サミュエル　　62
自律神経系　　**72**, **118**
自律性ニューロン　　43
シルヴィウス溝　　5
人格変化　　22
神経　　72, 116
神経科学　　2, 10
神経科学者　　2
神経学　　2, 26
神経学者　　2
神経膠細胞　　43
神経根　　35
神経細胞　　36, 43, 50, 56, 70, 86
神経疾患　　22
神経障害　　10
神経節　　72
神経節細胞　　55
神経節ニューロン　　43
神経線維　　100
神経線維網　　116
神経伝達物質　　86, 101
神経ネットワーク　　104
人工知能（AI）　　98, **113**
人種　　**46**
振戦麻痺　　34

『振戦麻痺に関する小著』　34
心臓　8, 13, 20, 21, 118, 119
腎臓　119
人体解剖　14, 21
身体的反応　63
『身体と精神』　49
心的エネルギー　58
心電図（ECG）　58
心配症　49
心肺停止　124
シンプソン，ジェームズ・ヤング　39
新哺乳類脳　97
心理療法　99

随意運動　51, 111, **114**, 116
随意筋肉　28
水晶体　55
膵臓　118, 119
錐体細胞　55
スィーナー，イブン　2, 16, 25, 27, 45, **127**
髄膜　4
睡眠　13, 68
睡眠周期　**102**
睡眠不足　**68**
睡眠発作　**60**
スヴェーデンボーリ，エマーヌエル　**77**
頭蓋骨　4, 47
　──の地図　33
スキナー，B.F.　96, 99
スキナー箱　96, 98, 99
ススルタ　9
スタンフォード・ビネー知能検査　83
スティーヴンソン，ロバート・ルイス　64
スーパーエゴ　67
スパルツハイム，ヨハン　60

聖アントニウスの火　19
聖ヴィトゥス舞踏病　**28**
性格　18, 93, 112
静止電位　101
星状膠細胞　43
生殖器　118, 119
精神　78
精神医学　49
精神疾患　66, 80, 88, 91, 99
精神浄化　67
精神的世界　57
精神的反応　63
精神年齢　83
精神分析　**66**
精神分裂病　78
正中神経　116
成長ホルモン　88
生命精気　15, 21
西洋医学　10
セイラム魔女裁判　**18**

脊髄　4, 5, **35**, **116**
脊髄副神経　117
脊柱　42
舌咽神経　117
舌下神経　117
摂食　13
舌組織　45
舌乳頭　45
ゼーメリング，サミュエル・トーマス・フォン　46, 54
線維性星状膠細胞　43
穿孔術　6
仙骨神経　116, 119
線条体　**81**
仙髄　118
仙髄神経　116
全体論　**68**
前庭　41
前庭器官　89
前頭骨　4
前頭前皮質　107
前頭皮質　112
前頭葉　5, 48, 87, 91, 109
前頭葉白質切断術　91
前脳　5

躁うつ病　**73**
双極細胞　55
双極性障害　**73**
双極性ニューロン　43
想像　27
早発性痴呆　78
躁病　49, 73, 91
側頭骨　4, 41
側頭葉　5, 95, 109
側脳室　4, 27
側副枝神経節　119
ソール，レオン　89

■た行
体液　18
体液論　10
体型　93
体質心理学　**93**
帯状回　97
体性感覚皮質　51, **114**
体性神経　**116**
大腸　119
大動脈輪　**26**
大脳　4, 27
大脳半球　4, 5, 94
大脳半球優位性　**64**
大脳皮質　58, 75, 76, 88
ダーウィン，チャールズ　49, 53
ダ・ヴィンチ，レオナルド　**19**
ダウン，ジョン・ラングドン　47
ダウン症　**47**
唾液腺　118, 119
多極性ニューロン　43
脱分極　101

タナトス　13
他人　109
タブラ・ラーサ　29
魂　**12**, 16, 17, 19, 27
　知性の──　13
　三つの──　12, 18
ターマン，ルイス　83
タランテラ　19
短期記憶　97, 104
単極性ニューロン　43
男性脳　92

知覚　85
知覚記憶　104
知識　29, 96
知性　18, 21, 25, 27
チック　62
知能　82, 87
知能指数（IQ）　**82**
チャーマーズ，デイビッド・ジョン　111
中国医学　9
中耳　41
柱状細胞　89
中心窩　55
中心溝　5
中心後回　5
中心前回　5
中枢神経系　**116**
中脳　4
中胚葉性体型　93
腸　118
聴覚　**89**
聴覚中枢　95
聴覚皮質　**95**
長期記憶　104
蝶形骨　4
超自我　67
超心理学　**109**
超低周波　109
直腸　118, 119
知力　74
陳述記憶　104

ツァーン，ヨハン　11
椎骨動脈　26
痛覚　69

ディスレクシア　**76**
ティーデマン，フリードリヒ　46
デイビス，ハロウェル　89
テオプラストス　11
デカルト，ルネ　24, 96, 110
テセウスの船　**107**
データー，アウグステ　74
哲学的ゾンビ　**111**
手続き記憶　104
徹底的行動主義　**96**, 99
デービー，ハンフリー　38
デメント，ウィリアム　102
デモクリトス　12

デール，ヘンリー　86
デルタ波　59
テレパシー　58
テレポーテーション　**107**
てんかん　**80**, 90
てんかん重積状態　81
電気　31, 48
電気インパルス　100
電気けいれん療法（ECT）　**90**
電気信号　58, 124
電子装置　113

同一性　**106**
ドゥ・ヴォーカージェ，アレクサンダー・フランソワ・バービー　6
頭蓋　4
動眼神経　117
洞窟の比喩　**12**
瞳孔　54, 55
統合失調症　**78**, 90
橈骨神経　116
闘争・逃走反応　72, 88, 118
頭頂骨　4
頭頂葉　5
等能性　**87**
動物精気　15, 21, 25, 30, 50
動物的衝動　18
動物電気　30
トゥーレット，ジョルジュ・ジル・ド・ラ　62, **133**
トゥーレット症候群　62
読字障害　**76**
とげ　70
閉じ込め症候群　105
ド・ブローニュ，デュシェンヌ　2, 48
トマス，ディラン　102
トレチャコフ，コンスタンチン　34

■な行
内頚静脈　41
内頚動脈　26
内耳　41
内耳神経　117
内送理論　11
内胚葉性体型　93
ナトリウムイオン　101
ナトリウムチャネル　73
涙　121
ナルコレプシー　**60**

匂いのプリズム　42
二元論　16, **25**, 96
乳頭体　97
ニュークス　13
ニュートン，アイザック　30
ニューラルネットワーク　**113**
ニューロン説　**50**, **70**, 100
『人間知性論』　29

『人間論』　25
認識　29, 85, 96
認知科学　106
認知行動療法（CBT）　**99**
認知症　**74**
認知療法　99

ネメシウス　15
粘液　10

脳　3, 4, 116
　　動物的な――　64
　　人間的な――　64
　　――の断面　15
脳溢血　**22**
脳回　27
脳解剖　44
脳幹　4, 5
脳機能局在論　32, 76
脳機能障害　44
脳機能の局在化　5, 15, 78
脳弓　97
脳血管性認知症　74
脳血管造影法　91
脳溝　27
脳梗塞　61
脳細胞　57
脳室　4, 15, 19, 21, 23, 25, 27
脳腫瘍　112
脳神経　41, **116**, 117, 119
脳スキャン　106, 107
脳脊髄液　25
脳卒中　**22**, 61
脳地図　33, 77
脳の鏡　58
脳波　58, 102
脳波計（EEG）　**58**
脳葉　5
脳梁　4, **94**
脳領域　33
脳梁離断術　94
ノット、ジョサイヤ　46, 47
ノード　113
ノンレム睡眠　103

■は行
肺　118, 119
バイヤルジェ、ジュールズ　73
ハーキム　16
パーキンソン、ジェームズ　**34**
パーキンソン病　**34**
白質　27, 51
ハクスリー、アンドリュー　100, **135**
ハクスリー、オルダス　93
白内障　9
バークリー、ジョージ　**29**
パーシンガー、マイケル　109
パーソナリティ障害　**112**
パターン理論　**89**
パチニ小体　69

爬虫類脳　97
麦角　86
麦角中毒　18
鼻　**42**
パピルス文書　8
バビンスキー、ジョゼフ　**133**
パーフィット、デレク　107
パペッツ、ジェームズ　97
ハラー、アルブレヒト・フォン　45
パラノイア　79
鍼療法　9
パレ、アンブロワーズ　52
反回神経　14
反響言語　62
反射　51, 84, 116
反射運動　25
半身麻痺　23
半側空間無視　**94**
ハンチントン、ジョージ　22
ハンチントン病　**22**

ビアード、ジョージ　62
光受容体　55
ピーク、キム　95
鼻腔　42
鼻孔　42
尾骨　116, 118
鼻骨　4, 42
皮脂腺　69
皮質切除　69
皮質ニューロン　43
ビシャ、フランソワ＝ザヴィエ　64
ヒステリー　59
ヒステリー性麻痺　59
脾臓　119
びっくり病　62
ヒッツィヒ、エドワルド　48, 51, **130**
『人及び動物の表情について』　53
ヒト・コネクトーム・プロジェクト　4
ヒトラー、アドルフ　112
ビネー、アルフレッド　82
ビネー－シモン知能検査　83
非能弁的失語症　44
皮膚感覚　52
皮膚節　69
皮膚知覚帯　69
非物質論　29
ヒプノシス　60
ヒポクラテス　9, **10**, 11, 18, 38
ヒュプトス　13
表情　48, 53
表皮　69

ファーター－パチニ小体　69
『ファブリカ（人体の構造）』　21
ファラデー、マイケル　39
ファルレ、ジャン＝ピエール　73

ファロッピオ、ガブリエレ　41
フェノバルビタール　80
フェリアー、デーヴィット　**51**, 69, 95, **131**
フォークト、オスカー　76
フォークト、セシール　76
フォード、ヘンリー　112
副交感神経　72, **118**
副交感神経節　119
伏在神経　116
副腎　118
不随意運動　28, 51
フック、ロバート　36
物質的世界　29, 57
舞踏狂　18
舞踏病　**22, 28**
普遍的無意識　67
プラトン　12, 16, **126**
『フランケンシュタイン』　31
フランツ、シェファード　87, 104
フリアエ　10
プリオン　75
フリッシュ、グスタフ　48, 51, **131**
プリンス、モートン　78
プルキンエ、ヤン・エヴァンゲリスタ　37, **129**
ブールハーフェ、ヘルマン　60, 61
フルーラン、マリー＝ジャン＝ピエール　84
ブレンターノ、フランツ　57
ブロイアー、ヨーゼフ　66
フロイト、ジークムント　56, 66, 99, **132**
フロイト的失言　**66**
ブロイラー、オイゲン　78, 92, **133**
ブローカ、ポール　44, 46, 65, 97, **129**
ブローカ野　44, 65
ブロードマン、コルビニアン　76
ブロードマンの脳地図　**77**
分離脳　94

ベータ波　59
ベック、アドルフ　58
ベック、アーロン　99
ヘッブ、ドナルド　104
ベドーズ、トーマス　38
ペニシリン　28
ヘニング、ハンス　42
ベル、チャールズ　35
ベル－マジャンディの法則　**35**
ベルガー、ハンス　58
ヘルムホルツ、ヘルマン・フォン　89
ヘロフィロス　11, **126**
辺縁系　88, **97**
偏執症　112

変性疾患　22
ヘンゼン、ビクター　89
扁桃体　73, 97

ボアン、ギャスパール　54
膀胱　118, 119
ホーキング、スティーヴン　113
ボクセル　123
ホジキン、アラン・ロイド　100, **135**
ポジトロン　106
ポジトロン断層撮影法（PET）　**106**
発作　10
ホッブズ、トマス　107
ホームズ、ゴードン　84
ホムンクルス　114
ホメロス　13
ボル、フランツ　55
ホルモン　121

■ま行
マイスナー小体　69
マクシムス、ヴァレリウス　76
膜電位固定法　100
マグヌス、アルベルトゥス　15
マジャンディ、フランソワ　35
麻酔薬　**38**
マックリーン、ポール　97
末梢神経系　**116**
麻痺　10, 81, 84
マリオット、エドム　54

ミイラ　**8**
ミイラベビー　105
味覚　**45**
ミクログリア　43
ミクロトーム　**57**
ミケランジェロ　20
味細胞　45
ミッチェル、サイラス・ウィアー　52
三つの愛　18
耳　89, 95
　　――の構造　**41**
味毛　45
脈絡膜　55
味蕾　**45**
ミリアチット　62
ミリエン鞘　43

無意識　67
ムンク、ハーマン　61, 69, **131**
眼（目）　**9, 11, 16**, 30, 60, 118, 119, 121
　　――の構造　**54**
迷走神経　72, 116, 117
メイン州のジャンピングフレンチメン　62
メドゥナ、ラディスラス　90

メルケル触盤　*69*
メンサ　**83**

網状説　**50**, *56*
妄想症　*79*
網膜　**54**, *55*
モーズリー，ヘンリー　*49, 53,* **130**
モチーフ　*67*
モートン，サミュエル・ジョージ　*47*
モニス，エガス　**91**
モルガーニ，ジョヴァンニ・バチスタ　*30*

■ **や行**
有郭乳頭　*45*
優生学　*82*

有毛細胞　*41*
幽霊　**102**, *109*
夢　*102,* **123**
ユング，カール　**67, 134**

葉状乳頭　*45*
腰神経　*116*
腰髄　*118*
腰椎神経　*116*
陽電子　*106*
抑制機能　*81*
予測中枢　*125*
四体液説　**10**
四大元素　*10*

■ **ら行**
ライル，ギルバート　*96*
ラウントリー，レオナード　*34*

ラシュリー，カール　*87, 104*
ラスニー洞窟　*7*
ラタ　*62*
ラングリー，ジョン・ニューポート　*72*
ランゲ，カール　*63*

リストン，ロバート　*39*
理性　*25, 27*
リチウム　*73*
リープマン，ユーゴー　*74*
量作用　**87**
リンネ，カール　*46*

涙骨　*4*
涙腺　*118, 119*
ルガロア，ジーン・シーザー　*35*
ルナティクス　*49*

ルフィニ終末　*69*

冷覚　*69*
冷蔵庫マザー　*92*
レーヴィ，オットー　*86,* **134**
レーブ，ジャック　*69*
レム睡眠　*102, 123*
連続切片　*57*

ロック，ジョン　**29**, *107*
ロドプシン　*55*
ロボット　*98*
ロボトミー　**91**
ロング，クロフォード　*39*

■ **わ行**
ワーキングメモリー　*104*
ワドロー，ロバート　*88*

神経科学の歴史年表

1966年 エリック・カンデルが記憶に関連する化学変化を発見するなかでレム睡眠を発見する。

1974年 グラスゴー・コーマ・スケールが、中枢神経系の状態を把握するための国際標準になる。

1976年 ポジトロン断層撮影法が、脳の活動をスキャンするために開発される。

1985年 ベンジャミン・リベットが、神経信号が筋肉に送られてから、動かそうという意識がはたらくまでのあいだに非常に短いが十分な時間の遅れを発見する。これは、自由意志は幻想であるか、あるいは意識的に決断するものではないことを示唆する。

1992年 機能的磁気共鳴画像法（fMRI）が開発され、血液の流れをもとに脳の活動をリアルタイムで画像化できるようになる。今後も、神経科学のあらゆる側面における研究において強力なツールとなるだろう。

1993年 ハンチントン舞踏病に関係する遺伝子が特定される。

1996年 哲学者デイビッド・チャーマーズが意識に関する難問を提示し、いまだ解決されていない。

ジャコモ・リゾラッティが、他者と同じことをするミラーニューロンを脳内に発見する。

1997年 スタンリー・プルシナーが、クロイツフェルト・ヤコブ病という脳疾患の原因が異常プリオンタンパク質であることを突き止めた功績でノーベル賞を受賞する。

2004年 光を用いて神経細胞を刺激する光遺伝学という技術が発達する。

2008年 脳からの電気信号によってコントロールされる義肢が発達する。

2009年 ヒトの脳を地図化するために、ヒト・コネクトーム・プロジェクトが発足する。

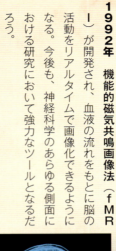

MRIスキャン　PETスキャン

1996年 世界初のクローン動物、ヒツジのドリーがスコットランドで造られる。

1997年 火星に探査機が着陸する。

1998年 宇宙の膨張速度が加速していることがわかり、暗黒エネルギーと呼ばれるいまだ理解されていない新たな力の存在が示される。今のところ有史以来もっとも大きな宇宙船となっている。

国際宇宙ステーションの基本機能モジュールが打ち上げられる。

2004年 インターネット上のソーシャル・ネットワーキング・サービス、フェイスブックが設立される。

2009年 内科疾患に有効な遺伝子治療が導入される。

2010年 アップル社のiPadが発売される。

2011年 水星探査機メッセンジャーが史上初めて水星周回軌道に入る。

ケプラー宇宙望遠鏡が地球に似た惑星ケプラー22bを発見する。

2013年 がん免疫療法の第一歩が始まる。

2014年 探査機ロゼッタが彗星に着陸する。

火星探査　ハッブル宇宙望遠鏡

マーの最終定理を証明する。

1987年 パレスチナ人がイスラエルに対してインティファーダ（民衆蜂起）を起こす。

1989～90年 ベルリンの壁が崩され、ドイツが再統一される。

1990～91年 ソ連が崩壊する。

1994年 英国とフランスをつなぐ英仏海峡トンネルが開通する。

1997年 鳥インフルエンザが世界的なパニックを引き起こす。

2001年 「9.11」テロリストが旅客機をハイジャックし、ニューヨーク州の世界貿易センター（ツインタワー）およびワシントンDCの米国国防総省の建物に突撃する。

2011年 東日本大震災と津波の影響により約1万9000人が亡くなり、福島第一原子力発電所の安全性が脅かされる。

2012年 シャード・ロンドン・ブリッジがロンドンに建設され、欧州連合でもっとも高い建物となる。世界で一番高いタワー、東京スカイツリーがオープン。

鳥インフルエンザ　ライヴエイド

シャード・ロンドン・ブリッジ　日本の津波

神経科学の歴史年表

は一連の変換器であることがわかる。蝸牛（かぎゅう）は液体の波を電気信号に変える。

1934年 各種の精神疾患を治療するために、薬物を利用して発作を誘発するけいれん療法が発達する。電気けいれん療法は1936年に導入される。

1935年 ポルトガルの外科医アントニオ・エガス・モニスが初めてのロボトミーを行い、精神疾患に苦しんでいる患者の前頭葉を切除する。

1938年 ハンス・アスペルガーが、子どもに見られる発達障害を説明するために、オイゲン・ブロイラーが作った「自閉症」という用語を使う。

1940年代 ウィリアム・ハーバート・シェルドンが、無意識が体型に現れるとする体質心理学を提案する。これは今では誤りとされている。

1941年 発作を解決する方法として、脳梁（のうりょう）を二つに分断する施術が一般的に行われる。

1946年 聴覚皮質の位置が完全に地図化される。

1949年 辺縁系が、基本的な衝動や欲求の座として特定される。これは生存にかかわる原始的な脳領域であり、すべての哺乳（ほにゅう）類に共通している。

1950年代 認知行動療法が臨床心理学における新たな治療法となる。

1951年 ウィリアム・グレイ・ウォルターが小型の自動ロボットを使って、比較的単純な神経系でも複雑な行動を学習できるかを研究する。

1952年 神経内で電気信号を発生させる活動電位の仕組みが発見される。

1953年 ユージン・アゼリンスキー

ウィリアム・グレイ・ウォルター　辺縁系　前頭葉　電気けいれん療法

1953年 フランシス・クリックとジェームズ・ワトソンがDNAの構造を発見する。

1955年 ジョナス・ソークがポリオワクチンを発表する。

1960年 梱包材として発泡スチロールが生産される。

1961年 ユーリー・ガガーリンが史上初めて宇宙に行く。

1962年 アポロ11号に搭乗したニール・アームストロングらが史上初めて月面を歩く。

1974年 ポール・バーグが細菌を用いた遺伝子工学に潜む危険性に気づいて研究をやめ、遺伝子工学の国際基準を作る。

1976年 超音速ジェット機コンコルドが飛行する。

1979年 世界で初めて試験管ベビーが生まれる。

1981年 NASAの宇宙船スペースシャトル、コロンビア号が処女飛行し、初の再利用可能な宇宙船となる。

1984年 エイズ（後天性免疫不全症候群）ウイルスが特定される。

1988年 スティーヴン・ホーキングが、宇宙を語る『ホーキング、宇宙を語る』を出版し、物理学と宇宙論を普及させる。

1989年 ティム・バーナーズ＝リーがワールド・ワイド・ウェブ（WWW）を開発する。

1993年 ハッブル宇宙望遠鏡が打ち上げられる。

1995年 アンドリュー・ワイルズがフェル

コンコルド　フランシス・クリックとジェームズ・ワトソン

1939〜45年 第二次世界大戦が起こる。

1945年 ジャン＝ポール・サルトルが実存主義哲学を公表する。恋人シモーヌ・ド・ボーヴォワールは、この運動における重要人物の一人である。

1945〜80年 ヨーロッパ人によるアジア・アフリカの植民地支配に反対する独立戦争が起きる。

1947年 インドが英国から独立して、パキスタンとインドに分かれる。

1948年 マハトマ・ガンディーが暗殺される。

1950〜53年 朝鮮戦争が起こる。

1955年 欧州連合が設立される。

1960年 ポップグループ、ビートルズが世界的に有名になる。

1965〜73年 ベトナム戦争が起こる。

1968年 米国公民権運動の指導者マーティン・ルーサー・キング・ジュニアが暗殺される。

1974年 パンクロック音楽が生まれる。

1979〜89年 ロシアがアフガニスタンに侵攻する。

1985年 ライヴエイドと呼ばれる世界最大規模のロックコンサートがロンドンとフィラ

マーティン・ルーサー・キング・ジュニア　マハトマ・ガンディー　第二次世界大戦

神経科学の歴史年表

らに自律神経系という名前がつけられる。

1899年 エミール・クレペリンが「躁うつ病」を精神疾患の一種として特定する。現在は双極性障害と呼ばれている。

1900年 ユーゴー・リープマンが、協調のとれた運動が難しい神経疾患である各種の失行症を報告する。

1906年 ドイツの精神医学者アロイス・アルツハイマーが認知症の一種を報告する。現在はアルツハイマー病と呼ばれている。

1911年 オイゲン・ブロイラーが統合失調症という用語を作り、幻覚を見たり現実を取り違えたりする症状に特徴付けられる、ある種の精神疾患を報告する。

1914年 キニア・ウィルソンが線条体に関する研究を発表し、動機と抑制にかかわる協調運動に関与する線条体のはたらきを提唱する。

1916年 知能検査が標準化されてスタンフォード・ビネー知能検査になる。

1920年代 心のゲシュタルト理論が発達する。ゲシュタルト心理学では、心は多くの個別的な部分からなる独自のまとまりであると提案する。

1921年 オットー・レーヴィが、ある神経細胞から別の神経細胞へと信号を送るために使われる化学物質（神経伝達物質）を初めて発見する。

1929年 カール・スペンサー・ラシュリーが、失われたり傷を負ったりした脳領域の機能は、残りの脳領域によって補うことができるという等能性の現象を説明する。

1930年 心拍数やエネルギーの蓄え、体温をコントロールする交感神経系につながる神経回路が発見される。また視床下部が怒りや憤りに関連していることが発見される。

1932年 聴覚の生理機構および神経機構が明らかになり、耳はジョン・ヒューリングス・ジャクソンが、病気の症状をもとに脳の機能領域を特定できるとする考えに異論を唱え、脳は全体としてはたらいているとする全体論を唱える。

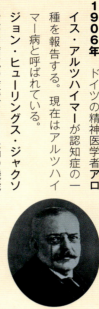

アロイス・アルツハイマー

線条体

1932年 ジェームズ・チャドウィックが、原子核のなかから中性子と呼ばれる電荷をもたない粒子を発見する。

1933年 ヤン・オールトが測定した星の運動の記録から、宇宙の質量の大半は観測されていない未知の物質で占められている、という概念が示される。これはのちに暗黒物質して知られるようになる。

1935年 エルヴィン・シュレーディンガーが「シュレーディンガーの猫」の思考実験を提唱する。

1936年 アラン・チューリングがアルゴリズムによって実行される仮想機械を提唱する。これは現代のデジタルコンピュータにつながっていった。

1937年 ツェッペリン型飛行船ヒンデンブルク号が米国ニュージャージー州レイクハースト海軍飛行場で爆発し、35人が亡くなる。

1942年 ヴェルナー・フォン・ブラウンが設計した世界初の弾道ミサイルV2ロケットが飛行する。

1945年 原子爆弾が広島と長崎に落とされる。

1948年 チャック・イェーガーが、ベルX-1ロケット機で音速を超える。

1949年 考古学的調査において放射性炭素年代測定法が導入される。

1952年 世界初の民間ジェット旅客機が就航する。

石油からナイロンが製造される。

ヴェルナー・フォン・ブラウン

広島

1912年 タイタニック号が大西洋で氷山にぶつかり沈没する。

1914～18年 第一次世界大戦が起きる。

1917年 ロシア革命が起きる。

1922年 ハワード・カーターが、エジプトでツタンカーメンの墓を発見する。

1923年 関東大震災が起きて、10万人以上が亡くなる。

1924年 第1回冬季オリンピックが開催される。

1926年 スターリンが、共産主義のソビエト社会主義共和国連邦（ソ連）のリーダーとなる。サウジアラビア王国がアラビア半島に設立される。

1929年 米国の株式市場が暴落して世界大恐慌が始まる。

1933年 ファシズムを進めるナチ党の党首アドルフ・ヒトラーがドイツの首相になる。

1936～39年 スペイン内戦が起こる。

1938年 オーソン・ウェルズがラジオ番組で『宇宙戦争』を放送し、米国にパニックを引き起こす。

スペイン内戦

第一次世界大戦

沈むタイタニック号

1878年 ジャン＝マルタン・シャルコーが、パリのサルペトリエール病院で催眠療法をいち早く導入する。

1880年 エドゥアール・ジェリノーが、一日のなかで何度も短い眠りに落ちてしまうナルコレプシー（睡眠発作）を報告する。

1881年 ハーマン・ムンクが、後頭葉に視覚皮質の領域があると提唱する。

ハーマン・ムンク

ドイツの医師オズワルド・バークハンが初めて読字障害（ディスレクシア）を報告する。

1884年 ジル・ド・ラ・トゥーレットが、運動チックと音声チックの症状を特定する。今ではトゥーレット症候群と呼ばれている。

1885年 情動に関するジェームズ＝ランゲ説では、精神的反応は身体的変化の結果であり、その逆ではないと提唱する。ほかの説とは異なり、意識の関与を考慮していない。

1886年 デーヴィット・フェリアーがサルとイヌの脳に電気刺激を与える実験を行い、初期の脳地図を作る。

1890年代 ジークムント・フロイトが精神分析の分野を発展させ、精神疾患は脳の物理的な問題というよりも心の問題として対応すべきという考えを示す。

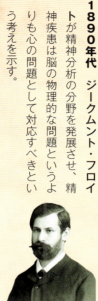
ジークムント・フロイト

1890年 断眠に関する最初の研究として、三人の男性を90時間寝かせない実験が行われる。

1897年 チャールズ・スコット・シェリントンがサンティアゴ・ラモン・イ・カハールの研究をもとに、神経細胞間の化学物質を介したつながり（シナプス）の概念を作る。

1898年 器官や臓器をコントロールする神経が報告され、それ

1878年 リチャード・カートンが、脳の表面に電磁場を発見する。1929年、脳の活動を測定するために脳波計が開発される。

これにより、細部に及ぶ脳の観察が可能になる。

し、脳を数千枚の薄片にスライスする。

ミクロトーム

1896年 アンリ・ベクレルが放射能を発見する。

1898年 マリーとピエール・キュリーが、ラジウムを発見する。

1900年 マックス・プランクが量子論を発表し、エネルギーは切れ目なく流れるのではなく、量子と呼ばれる小さなパケットの形態をとると提唱する。

1901年 グリエルモ・マルコーニが最初の無線ラジオ通信を行う。

1903年 ライト兄弟が世界初の動力飛行を行う。第1回ノーベル賞が授与される。

1908年 T型フォードが発売される。

1915年 アルベルト・アインシュタインが一般相対性理論を提唱する。

ライト兄弟

1925年 エドウィン・ハッブルが、私たちの銀河系の果てよりさらに遠くに天体を見つけ、私たちの銀河系は宇宙に数多く存在する銀河の一つにすぎないことを発見する。

1926年 ジョン・ロジー・ベアードがテレビを発明する。

1928年 サー・アレクサンダー・フレミングがペニシリンと呼ばれる抗生物質を発見する。

1929年 エドウィン・ハッブルが銀河は互いに遠ざかっており、宇宙全体が膨張していることを発見する。

キュリー夫妻

1873年 タンザニアのザンジバルにおける奴隷貿易が廃止される。

1876年 マーク・トウェインの小説『トム・ソーヤーの冒険』が出版される。

1877年 米国で最初の公衆電話が設置される。

チャイコフスキーの『白鳥の湖』が、モスクワのボリショイ劇場で初めて上演される。

1883年 インドネシアの火山島、クラカタウが爆発する。

1884年 「鉄道時刻」をもとに世界標準時が定められる。

1886年 自由の女神が米国に建てられる。

1890年 オランダの芸術家ヴィンセント・ファン・ゴッホが、自らを銃で撃ち、二日後に他界する。

1891年 架空の探偵シャーロック・ホームズが、月刊誌『ストランド・マガジン』で初めて掲載される。

1892年 パイナップルの缶詰が初めて作られる。

1894〜95年 日清戦争が起きる。

1896年 最初の近代オリンピックがギリシアで開催される。

1909〜12年 パブロ・ピカソとジョルジュ・ブラックが、キュビズムと呼ばれる芸術運動を展開する。

1911〜12年 辛亥革命により、数千年に及んだ中国の帝政が終わり、共和制国家が

自由の女神　クラカタウの噴火

146(5) ＊ 神経科学の歴史年表

1848年 米国で鉄道工事をしていたフィネアス・ゲージの頭を鉄の棒が突き抜ける事故が起こる。一命を取り留めたゲージの体にはほとんど後遺症が残らなかったが、性格が変わったと報告された。

1851年 解剖学者アルフォンソ・コルチとエルンスト・ライスナーが耳の構造を詳細に調査する。

1855年 コーンラッド・エックハルトとマックス・シュルツが、鼻腔の嗅覚受容体の位置を特定する。

1856年 ルドルフ・ウィルヒョウが、神経細胞を支えるグリア細胞を報告する。

1861年 ポール・ブローカが、言語をつかさどる脳領域を特定する。その領域はブローカ野と名づけられる。

1867年 グスタフ・シュワルベとオットー・ローヴェンが味蕾を特定する。

1870年 エドワルド・ヒッツィヒとグスタフ・フリッシュが脳を刺激するために電気を用いる。

1871年 精神科医のヘンリー・モーズリーが、気分障害の概念を紹介する。

1872年 医師サイラス・ウィアー・ミッチェルが、米国の南北戦争で後遺症を負った兵士の治療にあたり、幻肢を報告する。

神経系および神経細胞の研究が進むなか、脳は細胞が切れ目なくつながっている巨大なネットワーク状の統一体ではないかと提唱される。

チャールズ・ダーウィンが『人及び動物の表情について』を書き、人の情動の目的を説明する。

マックス・シュルツが網膜の構造を描き、錐体細胞、桿体細胞、光受容体を区別する。

1873年 カミッロ・ゴルジが「黒い反応」と呼んだゴルジ染色法を開発し、神経細胞の構造や形状を明らかにする。

1875年 バイエルンの「狂王」と呼ばれたルートヴィッヒ2世の侍医ベルンハルト・フォン・グッデンがミクロトームを発明

味蕾

フィネアス・ゲージ

が、ダイナマイトを発明する。

英国のエンジニア、ロバート・ホワイトヘッドが魚雷を発明する。

1869年 ドミトリ・メンデレーエフが、原子量と原子価に基づき元素を配列する「周期的な」表を提唱する。

1871年 ハンセン病の原因となるらい菌が発見される。

1873年 ジェームズ・クラーク・マクスウェルが電磁波を報告する。

1876年 アレクサンダー・グラハム・ベルが電話を発明する。

1876〜90年 ロベルト・コッホが、炭疽、結核、コレラの原因菌を特定する。

1877〜83年 トーマス・エジソンが蓄音機と実用的な電球を発明する。

1882年 マキシム機関銃が米国で特許化される。

1887年 ハインリヒ・ヘルツが電磁気・電磁波の存在を証明する。

1895年 ヴィルヘルム・レントゲンが、X線を発見する。

ルイ・リュミエールの動画カメラが映画産業を発展させる。

リュミエール兄弟

ハインリヒ・ヘルツ

アレクサンダー・グラハム・ベル

グレゴール・ヨハン・メンデル

グレゴール・ヨハン・メンデルが、遺伝に関する法則を発表する。

ン・ボナパルトがフランス皇帝に即位する。

1813年 ジェイン・オースティンの小説『高慢と偏見』が出版される。

1826年 葛飾北斎が「冨嶽三十六景」を描き、日本の風景画が最高潮に達する。

1835年 パリの凱旋門が建設される。

1845年 米国で野球が発明される。

1850年代 ブラックアフリカのジャーナリズムが南アフリカで発展する。

1852年 ハリエット・ビーチャー・ストウの『アンクル・トムの小屋』が米国で出版され、奴隷制に反対する物語として影響を与える。

1861年 イタリア王国が建国される。チャールズ・ディケンズが『大いなる遺産』を出版する。

1861〜65年 南北戦争により米国での奴隷制度が廃止される。

1862年 ヴィクトール・ユゴーの『レ・ミゼラブル』が出版される。

1871年 ドイツ帝国が統一国家を設立する。

P.T.バーナムがニューヨーク州ブルックリンに「地上最大のショウ」と呼ばれるサーカスを設立する。

凱旋門

南北戦争

神経科学の歴史年表

1664年 トーマス・ウィリスが脳の基底部に環状の動脈を発見する。この構造はのちに、彼の功績をたたえて「ウィリス動脈輪」と名づけられる。

神経学という用語がトーマス・ウィリスの『脳の解剖学』のなかで紹介される。この本によって、脳は領域ごとに異なる機能を担っているという思想が広がる。

1686年 子どもに見られる神経疾患、聖ヴィトゥス舞踏病の症状がトマス・シデナムによって記録される。この状態は今ではシデナム舞踏病として知られている。

1696年 英国の哲学者ジョン・ロックが、ヒトの脳は生まれたときはまったくの白紙で、すべてのヒトの知識は経験を通じて得られると提唱する。

1803年 電気学の先駆者ルイージ・ガルヴァーニの甥ジョヴァンニ・アルディーニが、電流を使って、絞首刑にされた受刑者を「蘇生」させる。

1808年 フランツ・ヨーゼフ・ガルが骨相学の理論を提唱し、人の性格は頭蓋骨の形、ひいてはそのなかにある脳の形によって決まると提言する。

1817年 英国の医師ジェームズ・パーキンソンが、パーキンソン病の症例を初めて説明する。

1820年 チャールズ・ベルとフランソワ・マジャンディの法則を体系化して、ベル-マジャンディが独立して運動神経は脊髄の後方から入り運動神経は脊髄の前方から出ることを示す。

1837年 ヤン・エヴァンゲリスタ・プルキンエが、初めてニューロン（神経細胞）のイラストを描く。

1842年 エーテルが感覚を鈍らせ意識を失わせる麻酔薬として使用さ

脊髄

フランツ・ヨーゼフ・ガル

聖ヴィトゥス舞踏病

『人間論』に描かれているイラスト

運動における松果体の役割についていくつかの理論を提唱する。

ルイ・ブライユが盲目の人のために点字を考案する。

1837年 初期の写真ダゲレオタイプが発明される。

1844年 サミュエル・モールスが最初の電信メッセージを送る。

1845年 輪ゴムが発明される。

1850年 英国とフランスのあいだに世界初の海底ケーブルが敷設される。

1851年 フーコーが行った振り子の実験により、地球はたしかに自転していることが証明される。

1855年 ヘンリー・ベッセマーが、鋼の製造のために溶鉱炉を発明する。

1859年 チャールズ・ダーウィンが『種の起源』を出版し、進化論を提唱する。

1861年 ジェームズ・クラーク・マクスウェルが世界初のカラー写真を撮影する。

1864年 ルイ・パスツールが、細菌を殺し、牛乳などの液体の保存を助ける低温殺菌法を発見する。

1865年 ジョゼフ・リスターが、フェノールによる消毒法を用いた手術を提唱する。

1866年 アルフレッド・ノーベル

アルフレッド・ノーベル

ルイ・パスツール

チャールズ・ダーウィン

サミュエル・モールス

芸術家たちが新たな技法を確立するそういった人たちのなかには、ミケランジェロ、ラファエロ、ティツィアーノがいる。北方ルネサンスの芸術家には、アルブレヒト・デューラー、ヒエロニムス・ボス、ハンス・ホルバインがいる。

1517年 マルティン・ルターが『95ヶ条の論題』を出版し、ローマカトリック教会の堕落を指摘し、プロテスタントの革命を起こす。

1603年 徳川家康が江戸幕府を開く。

1618～48年 中央ヨーロッパで三十年戦争が起きる。

1620年 ピルグリム・ファーザーズが米国のマサチューセッツ州に上陸する。

1637年 イタリアのベネチアで、世界で初めて大衆向けのオペラ劇場が開かれる。

1666年 ロンドン大火が起きる。

1789～99年 フランス革命が起きる。

1804年 ナポレオ

フランス革命

三十年戦争

マルティン・ルター

ラファエロ

神経科学の歴史年表

西暦177年 動物の解剖や、負傷した剣闘士の治療を数多く行ってきたギリシアの医師ガレノスが、脳の構造と機能との新たな結びつきを提示し、主要な神経が脳につながっていることを示す。（作用として脳は活動を休止すると唱えていた。）

1000年頃 この頃になると、液体で満たされている脳室は、動機や記憶、認知といったより高度なはたらきを担う層であると考えられるようになる。古代ペルシアの学者イブン・スィーナーが「空中人間」と呼ばれる思考実験で、すべての動きと感覚を取り除いたら、どのような認識が残るのかを問いた。アラブの科学者アル＝ハイサムが反射した光を感知する目の仕組みを示した。彼が行った研究は、感覚器官の機能を説明する初めてのものだった。

1370年代 ヨーロッパ全土で「舞踏狂」が蔓延し、多くの人が意図しない動きに悩まされる。原因はいまだわからないままだが、集団ヒステリーか麦角中毒、あるいはその両方だったのかもしれない。

1504年 レオナルド・ダ・ヴィンチが慣例に反し、人体解剖を行って脳のろう型を作る。

1512年 ミケランジェロがシスティーナ礼拝堂に描いた絵画のなかに解剖学的な絵を隠し描いており、脳の構造に関して相当の知識を有していたことがわかる。

1543年 ベルギーの解剖学者アンドレアス・ヴェサリウスが『ファブリカ（人体の構造）』を出版する。第4巻と第7巻には、神経系と脳の詳細なイラストが描かれている。

『ファブリカ』に描かれているイラスト

レオナルド・ダ・ヴィンチによるスケッチ

1658年 ヨハン・ヤコブ・ウェファーが、脳卒中は脳内出血が原因であると提唱する。

1662年 ルネ・デカルトが『人間論』を書き、神経が無意識に起きる（不随意の）反射運動をコントロールする仕組みと、随意

ガレノス

1000年 黒色火薬と呼ばれる初期の火薬が中国で発明される。

1202年 レオナルド・フィボナッチがアラビア数字、小数点、ゼロの数学的概念をヨーロッパに伝える。

1440年 ヨハネス・グーテンベルクがヨーロッパで印刷機を発明する。

1543年 コペルニクスが地動説に関する詳細を発表し、地球と惑星は太陽の周りをまわっていると提唱する。

1609年 惑星の軌道に関するケプラーの法則により、天体は円ではなく楕円を描いて運動するとされる。

1610年 ガリレオが、太陽、月、惑星の観察を『星界の報告』として出版する。

1687年 アイザック・ニュートンが万有引力の法則を提唱する。

1695年 フランスの科学者ギヨーム・アモントンが振り子式気圧計を発明する。

1705年 エドモンド・ハレーが彗星の軌道周期を計算する。ハレーの名を冠した彗星は、彼が予測したとおりに出現する。

1757年 航海の通りに六分儀が発明される。緯度を計算する英国の道具として、六分儀が発明される。

1807年 英国の通りにガス灯が灯る。

1813年 ヨンス・ヤーコブ・ベルセーリウスが原子は電子の力で結合していると提唱する。

1825年 英国で世界初の公共鉄道が開業する。

1834年 チャールズ・バベッジが、階差エンジンと呼ばれる計算機を発明する。これがコンピュータの前身となる。

アイザック・ニュートン

西暦43年 ロンドンの街が建設される。

79年 ヴェスヴィオ山が噴火して、ポンペイやヘルクラネウムといったローマ都市を灰に埋める。

570年 イスラム教の開祖ムハンマドが生まれる。

1066年 ノルマン人が英国を征服する。

1300年 イースター島に巨大な石造彫刻が建てられ始める。

1346年 黒死病（ペスト）と呼ばれる伝染病がヨーロッパを襲う。

1492年 クリストファー・コロンブスが大西洋を横断する。ヨーロッパ人によるカリブやアメリカ大陸の植民地化が続く。

1500年 この頃にはヨーロッパのルネサンス（再生）が最盛期を迎える。学者たちは古代ギリシア・古代ローマの科学や哲学を再発見し、中東や極東の知識が紹介され、偉大な

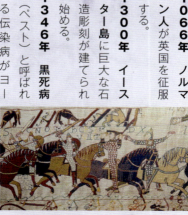
イースター島　ノルマン人の英国征服

兵馬俑

帝が中国を統一し、最初の皇帝となる。始皇帝の陵墓には兵馬俑があ

神経科学の歴史年表

神経科学

先史時代 初期のヒト科動物の頭蓋骨には、暴力によって怪我を負わされた形跡がある。このことから、頭や脳は攻撃する際に相手の弱点になると認識されていたことがわかる。

紀元前10000年以上前 ヒトの頭蓋骨に穴を開けたり彫ったりする穿孔術(せんこうじゅつ)が施される。体や心の病気を引き起こしている悪魔を追い払うために行っていたと考えられている。

紀元前2500年頃 1860年代にエジプトのルクソールで、外科手術に関する書物エドウィン・スミス・パピルスが発掘される。頭部損傷に関する初期の医学的説明も含まれている。

紀元前1000年頃 目の病気は悪魔に魅入られたりしただと見なされる。

紀元前450年頃 初期の中国医学書(五臓六腑の思想)では、脳は生命維持に不可欠な器官として分類されていない。

紀元前400年頃 ギリシアの医師ヒポクラテスが、心身の健康は基本的な体液のバランスによってもたらされると考える。

紀元前350年頃 古代ギリシア人は、目から放たれた光線が物体から跳ね返ってくることによって目に見えていると信じていた。

ギリシアの哲学者プラトンが、人間は、理知、気概、欲望という三つの魂の作用で、さまざまな行動をとると提唱する。

プラトン

紀元前100年頃 ローマのルクレティウスは、眠りは一時的な死の形態であり、魂の一部が体から離れた状態であると提唱する。
(これ以前に、ギリシアのアリストテレスは、食べ物の消化の副

古代の頭蓋骨に残されている穿孔術の痕跡

科学とイノベーション

紀元前3500年頃 シュメール人が、耕作地のための灌漑(かんがい)システムを作る。

紀元前3200年 シュメールで車輪が使われる。

紀元前2500年頃 そろばんが発明される。

紀元前2400年頃 古代エジプト人が筆記のためにパピルス紙を用いる。

紀元前2296年 中国の天文学者らが初めて彗星(すい)の観察を記録する。

紀元前2000年 バビロニア人が60を基準に数える60進数を使う。現在も時間や角度に使われている。

紀元前350年 プラトンとアリストテレスが地球を宇宙の中心に置く。

紀元前120年頃 ヒッパルコスが夜空における位置を経度と緯度で表す。また、地球が自転する際、地軸が揺れ動くことを示す。これを歳差運動という。

紀元前65年頃 天体運動を予測する歯車式機械、アンティキティラの機械が作られる。

西暦78~139年 画期的な地震計を設計した中国の発明家、張衡(ちょうこう)が生存。

アンティキティラの機械

世界の出来事

紀元前10000~8200年 東地中海地域に、ナトゥフ文化の人々が定住しイヌを飼う。

紀元前5000~2800年 英国のストーンヘンジ、ポルトガルのエヴォラ、フランスのカルナックなど、ヨーロッパに巨石建造物が建築される。

紀元前4000年頃 ウマが飼われるようになり、人々は毎日より遠くまで移動して狩りや旅ができるようになる。

紀元前2547~2475年 エジプトのギザでピラミッドが建設される。

紀元前800年頃 ギリシア文字が発達する。

紀元前753年 ローマが建設されたと伝えられる。

紀元前551~479年頃 孔子が生存。孔子の哲学は、中国、日本、韓国、ベトナムにおいて何世紀にもわたり政治的・社会的行動の基盤となる。

紀元前336年 アレクサンドロス大王が征服戦争を始める。

紀元前221年 始皇

アレクサンドロス大王

ストーンヘンジ

図の出典

本文

Alamy: Age Fotostock 67tr; Paul Bevitt 6cbr; Scott Camazin 26br; Cini Classico 112crt; Classic Stock 112c; Gianni Dagli Orti/The Art Archive 7tr; Everett Collection 18br; Peter Horree 12bl; Chris Howes/Wild Places 7b; Interfoto 22, 35tc; MEPL 10tr, 14bl, 28bl, 30br; PBL Collection 31tr; Pictorial Press Ltd. 29b, 64cr; Prisma Archivo endpapers; **Corbis**: Bettmann 72, 99; Everett Kennedy Brown 107tl; Hulton Deutsch Collection 82br, 135tr; Louis Psihoyos 134br; Ted Stershinsky 91tr; George Tatge 13; **FLPA**: Mitsuaki Iwago/Minden Pictures 96br; **Getty Images**: Ed Reschke/Photolibrary 56; SSPL 47; **Library of Congress**: 52; **Mary Evans Picture Library**: ii, 8bl, 19cr, 36tr, 48cr, 57tl, 65, 66tr, 75b, 80tr, 80bl, 88tl, 129br, 130tr, 134tr, 135bl; **SCETI**: Edgar Fahs Smith Collection 14tr; **Shutterstock**: i, 3Dme Creative Studio 27crt; Albund 64bl; Alexilus 55b, 97tl; Alila Medical Media 44cr, 51tr, 61, 80br; Anastasios71 12br, 126bl; Animus81 122b; Artcasta 94cr; Stephanie Bidouze 119; Bike Rider, London 92; Stephan Bormotor 111; Browyn Photo 125b; Vitor Costa 118cl; Design Villa 34bl; Designua 69br, 84tr, 86bl; Goran Djukanovic 97cr; Duco59us 51br; B. Erne 33br; Eveleen 5t; Everett Historical 84cl, 127bl, 127br, 132br; Juan Gaertner 50; Johanna Goodyear 118tl; Elsa Hoffmann 95b; Iculig 87tl; Lyricsaima 81tr; Marcos Mesa Sam Wordley 102; Maridav 101tl; Eugenio Marongiu 73br; Martchan 116cl; Sandra Matic 120; Neveshkin Mikolay 10bl; Mistery 124; Mopic 71; Morphart Creation 30tl, 38tl, 89; Dragana Gerasi Mosk 122t; Hein Nouwens 41bl; Tyler Olson 87br; Orlandin 104bl; Amawasri Pakdara 116tl; Photo Fun 19tl; Reinette Graphics 31br; Jamie Roach 116bl; Arun Roisri 29tr; Frederico Rostagno 8tr; Science Pics 94tl; Takito 35br; Dietmar Temps 104tl, 135br; Tommistock 121b; Udaix 88tl; Taras Ver Khovynets 63br; Vitalez 109t; Wallenrock 121tr; Rinat Zevriyev 34tr; zprecech 129tl; **Science Photo Library**: 113b; D. Van Bucher 103; Victor De Schwanbery 98; Sam Flak 96tl; Spencer Grant 68/69; Jacopin 101br; Francis Leroy/Biocosmos 100; Living Art Enterprises 91bl; Medical Images/Universal Images Group 115t, 115b; Afred Pasieka 107br; **Science & Society Picture Library**: Science Museum 57br, 135tl; **Thinkstock**: Jemal Countless/Getty Images News 113tr; Dorling Kindersley 45b; J. Falcetti, J/iStock 36bl, 43b; Feel Life/iStock 3b, 108; Fortish/iStock 75cr; Fuse 6cl; Georgios Kollidas 24c; Alex Luengo/iStock 55t; Andreas Odersky/iStock 81cr; Photos.com i; 18tl, 20, 21bt, 23b, 32tr, 32bl, 33bl, 35tl, 39, 44tr, 127tr, 128bl, 129br; Radio Moscow/iStock 125t; Mark Strozier/iStock 42tr, 45tr; Boris Urunlu/iStock 68tl; Wander Luster/iStock 44bl; Wenht/iStock 1, 7tr; Matthew Zinder/iStock 38bt; **Topfoto**: Fortean Blackmore 109b; The Granger Collection 93bl; **U.S. National Library of Medicine**: 16, 21tl, 21tc, 23tr, 27tl, 43tr, 63tl, 67bl, 69trt, 69trc, 69trb, 78bl, 130br, 131tr, 131bl, 133tl, 134tl; **U.S. Government**: 62br; **Wellcome Library, London**: 2tl, 15, 24b, 31tl, 41tl, 49br, 51tl, 53cl, 53cr, 53b, 54tr, 54bl, 62bl, 66bl, 70tr, 70cl, 70cbl, 73tl, 82tr, 86tr, 126tr, 126bl, 128tl, 128tr, 130tl, 130bl, 131br, 132tl, 133tr, 133bl, 133br, 134bl; **Wikipedia**: Van Horn, Irima, Torgerson, Chambers, Kikinis 40bl; 2cr, 2bl, 3t, 9tr, 9bl, 11, 17cr, 17b, 25, 26bl, 27crb, 28tr, 35cl, 37b, 40tr, 46tr, 46bl, 48b, 58bl, 58br, 59, 74, 75t, 77b, 78t, 85, 90, 93tl, 112crc, 112crb, 123, 127tl, 131tl, 132bl; **Roy Williams**: 79b, 106b, 110; **Woodman Design**: illustrations/diagrams 4, 5, 27, 34, 35, 36, 43, 44, 51, 75, 77, 80, 81, 85, 86, 88, 93, 94, 97, 100, 101, 115, 116, 117, 119.

年表

Alamy: A.F. Archive; Ancient Art & Architecture; Coconut Aviation; Mihailo Maricic; Pictorial Press Ltd.; World History Archives; **Corbis**: Bettmann; **Shutterstock**: H.T. Brandon; Chameleons Eye; Decade 3D; Everett Historical; Iloria Ignatora; Jorisvo; Sebastian Kaulitzki; Kletr; Marc Pagani Photography; Morphart Creation; Buelikova Oksana; Ken Tannenbaum; M. Tiara; **Science Photo Library**: Living Art Enterprises; **Science & Society Picture Library**: Science Museum; **Thinkstock**: Daniel Beehulak/Getty Images News; Dell 640/iStock; Janka Dharmasena/iStock; Digital Vision; Judy Dillon; Dorling Kindersley; Aos Fulcanelli/iStock; Georgios Art/iStock; Matt Gibson; Photos.com; Sculpies/iStock; I.V. Serg/iStock; Tirtix/iStock; Wenht/iStock.

歴史を変えた100の大発見
脳──心の謎に迫った偉人たち

　　　　　　　　　　　　　平成29年11月30日　発　行

監訳者　石　浦　章　一

訳　者　大　森　充　香

発行者　池　田　和　博

発行所　丸善出版株式会社
　　　〒101-0051 東京都千代田区神田神保町二丁目17番
　　　編集：電話(03)3512-3265／FAX(03)3512-3272
　　　営業：電話(03)3512-3256／FAX(03)3512-3270
　　　http://pub.maruzen.co.jp

© Shoichi Ishiura, Atsuka Omori, 2017

組版印刷・製本／藤原印刷株式会社

ISBN 978-4-621-30202-6　C 0345　　　　　Printed in Japan

本書の無断複写は著作権法上での例外を除き禁じられています．